KB127082

더 좋은 세상을 위하여

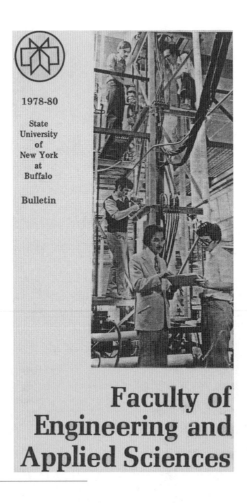

1978-80

State
University
of
New York
at
Buffalo

Bulletin

Faculty of Engineering and Applied Sciences

사진설명:
미국 뉴욕주립대학교 공과대학 연감(1978~1980) 표지에 소개된 저자와 그의 대학원생 제자들이 EPRI/SUNYAB 연구과제였던 원자로 비상노심냉각장치(ECCS)의 새로운 방법을 연구하고 있는 광경이다.
그 당시 미국 내에선 가장 큰 대학의 원자로 연구는 미 전력연구소(EPRI)의 지원 아래 이루어진 안전성 연구였으며, CE의 '시스템 80'은 핵심 매트릭스(Matrix)를 썼기 때문에 그 결과는 이보다 10년 후에 채택된 한국표준형원전(CE 시스템 80$^+$ / OPR 1000)에 직접 응용될 수 있었다.

앞으로 한국원자력계가
계속해서 세계 원전시장에서
성공적으로 발전함을 기원하며
이 책을 바친다.

내가 만난 전완영 박사님

한필순 / 전 한국원자력연구원 고문

영광 3·4호기(한국원전 11·12호기) 원자로 계약 상대방 CE와의 관계

삼가 평소 존경하는 한국원자력계의 대선배님 영전에 이 글을 올립니다. 항상 콧수염에 웃음 띤 얼굴로 후배들에게 지혜와 용기를 심어주시던 모습을 다시 볼 수 없음이 못내 아쉽기만 합니다.

내가 처음 전완영 박사님을 만난 것은 한국원자력발전 기술자립의 태동기였던 1983년으로 기억됩니다. 당시 한국전력공사의 박정기 사장이 한국원전의 기술자립 발전방향을 지휘했는데 전 박사님이 박 사장의 멘토mentor로 부임하셨습니다. 아마 내가 제안했던 원자력발전 기술자립안도 전 박사님의 치밀한 검토 아래 박 사장에게 보고되었으리라 짐작됩니다.

나의 기술자립 철학은 박정기 사장의 전폭적인 지지로 순탄하게 진전되어 오늘날 세계 제5위의 원자력발전 강국이 되는 토대가 되었습니다.

또한 원자력 계통설계까지 완전하게 자립할 수 있었던 것은 기술제공 측인 CE의 셀비 브로어Shelby T. Brewer 사장의 우호적인 결단이 있었기에 가능했다고 믿습니다.

당시 CE와의 공동설계 계약내용은 한국원자력연구소는 '갑'이 되고 CE는 하청을 맡는 것이었습니다. 즉 기술을 가진 CE는 계약이행을 하면서 되도록이면 최소한의 기술을 이전해 주려고 하였습니다. 우리도 CE의 입장이라면 마찬가지였을 것입니다. CE가 주겠다는 기술은 우리에게 기술 사용권을 주는 것으로 전산코드, 특허, 각종 시스템 등 기술자료가 몇 트럭은 될 분량이었습니다. 전산코드는 설계도구로 이용되며 특허 등은 원천기술을 의미하고 있어 사용권이 보장됩니다.

이런 파격적 계약을 그대로 실행할 수 있었던 것은 우리 과학기술자 KAERI들의 노고도 컸지만, 기술제공자인 CE 측의 배려가 없었다면 절대 불가능했을 것입니다. 여기에는 전 박사님과 셀비 브로어 사장과의 두터운 우정이 큰 역할을 했습니다.

국제사기단을 추방하다

진리를 알지 못하면 속을 수밖에 없습니다. 1951년에 일어난 '수소폭탄 사기 사건'은 젊은 해군장교였던 전 박사님이 국제사기단을 추방한 사건입니다. 이는 진해의 배터리 공장에 있던 일본인 기술자가 수소폭탄을 제조할 수 있다며 이승만 대통령을 속이려 했던 사건입니다. 대학을 갓 졸업한 전 박사님을 중심으로 한국 측 기술장교들이 사건 진상을 정확히 보고해 사기단을 일본으로 쫓아냄으로써 나라의 체면을 세울 수 있었습니다.

지금도 이와 비슷한 일들이 과학계에 난무하고 있어 나라를 어지럽히고 있습니다. 전 박사님은 이런 사기극 사례가 책 한 권으로 써도 부족할 만큼 많았다고 하셨는데 이런 사기극을 이 나라에서 어떻게 추방할 수 있었는지 전 박사님의 영혼에라도 묻고 싶습니다

전 박사님의 중학교 친구분이 나의 은인이십니다. 전 박사님과 나의 인연은 공적인 것이었습니다. 우연히 알게 된 것은 전 박사님의 중학교 친구 두 분이 내가 인생의 갈림길에 섰을 때 결정적인 역할을 하셨습니다. 한 분은 6·25전쟁 중 공군사관학교에 입학했을 때 교장선생님이셨던 신상철 장군님이십니다. 신 장군님은 최첨단 기술을 다루는 공군에도 과학자 양성이 필요하다고 역설하셨고, 나는 신 장군님의 뜻에 따라 사관학교 졸업과 동시에 서울대학교에 편입학했습니다.

또 한 분은 1958년 미시간 대학에서 통계물리학으로 박사학위를 받고 서울대에서 우리들에게 Ferm-통계, Bose-통계, Boltzman-통계를 가르쳐주신 세계적 물리학자 조순탁 교수님이십니다. 조순탁 교수님은 공군이 선발하는 미공군 장학생 시험문제를 출제하셨고, 그 시험에 통과한 나는 꿈에 그리던 미국 유학길에 올랐습니다.

나의 인생항로에 결정적인 역할을 하신 두 분이 전완영 박사님의 중학교 벗이라니 우연 중에도 이런 우연이 있을까요? 나의 은인의 벗이며 원자력의 대부이신 전완영 박사님이 더욱 그리워집니다.

---

* 이 글은 한필순 박사님께서 고인이 되시기 전에 전완영 박사님을 추억하며 쓰신 글입니다.

그리운 임에게 바치는 글

장순흥 / 한동대 총장

한국인 최초의 원자력공학박사, 한국 원자력계의 태두

　전완영 박사님을 가리키는 화려한 수식어들이 참 많습니다. 그만큼이나
화려했던 그분과 지난 시간을 나는 종종 떠올려 보곤 합니다.

　전완영 박사님은 익히 알려진 대로 우리나라 최초의 원자력공학박사
입니다. 현재 원자력 분야에 종사하고 있는 모든 전공자들의 선배라 해
도 과언이 아니며, 원자력에너지를 활용해 수많은 상품과 가치를 생산
하고 있는 모든 이들이 그에게 감사를 표해도 아깝지 않을 것입니다.

　전 박사님과 나는 30년의 나이 차이에도 불구하고 여러 공통점이 있
었습니다. 그 중 하나는 본인이 1982년 미국에서 귀국해 KAIST한국과학기술
원 교수로 부임한 직후 전 박사님이 KAIST 초빙교수로 부임하셔서 한 공
간에서 함께 하였다는 것과 다른 하나는 원자력 열수력 및 안전이라는
전공분야가 같았다는 것입니다. 환경이나 관심사 등 비슷한 것이 많았
던 덕에 그분과 함께 있을 때면 항상 좋은 이야기를 많이 나눌 수 있었습

니다.

1980년대 미국의 TMI 사고 직후에는 우리나라에서도 원자력발전소의 안전성에 대한 전 국민의 관심이 매우 높았습니다. 동시에 우리 산업 발달의 열쇠가 될 에너지 문제를 타결하기 위한 원전 기술자립이 본격적으로 거론되기 시작한 시점이었습니다. 이에 원자력 관련 분야의 학계, 산업계, 연구계 등 각계 기관의 협력이 매우 중요했습니다.

당시 학계의 원자력 연구를 주도하던 KAIST 원자력 및 양자공학과의 설립은 전문헌 교수님과 필자의 협력으로 시작되었는데, 전문헌 교수님은 학생 시절 박사학위를 전완영 교수님의 지도하에 이수했던 인연이 있었습니다. 그 때문에 학교에서 셋이 모이면 밤낮으로 이야기꽃을 피우느라 바빴던 기억이 납니다. 시대적인 현안이 원자력발전이었던 만큼 주로 원자력 안전이나 한국의 원전 기술자립, 원자력 선진국이 될 수 있는 방안에 대한 논의가 많았습니다. 이러한 학문적 논의뿐만 아니라 인생 전반에 대해 많은 이야기를 나눌 수 있었는데, 돌이켜 보면 매우 소탈하고 부드러웠던 전완영 교수님의 성품 덕분이었던 것 같습니다. 아들 같은 필자를 굉장히 편하게 대해 주셨기에 어떤 인간적인 불편함도 없었습니다. 나이를 초월한 동료이자 친구였던 셈입니다.

전완영 박사님과의 남다른 우정에는 나라를 향한 애정도 한몫 했을 것이라 짐작합니다. 당시 전 박사님과 필자는 한국원자력연구소 산하 안전센터한국원자력안전연구소의 전신와 한국전력의 원전 기술자립에 대해서도 함께 자문을 하였습니다. 전 박사님은 우리나라 원전의 안전성을 높이는 방안이나 기술자립화 방안에 대한 필자의 의견 상당 부분을 한국전력에 전달해 원자력 안전 실행에 반영토록 했습니다.

특히 1986년부터 1995년까지 미국 컴버스천엔지니어링^{이하 CE}의 도움을 받아 한국형경수로를 개발하는 과정에서 전완영 박사님의 많은 공헌이 있었습니다. 이때 전완영 박사님은 사업자로서, 필자는 인허가 및 안전자문가로서 영광 3·4호기 제작에 참여했습니다. 전완영 박사님과 필자는 대부분의 사안에 대해 함께 논의했으며 대개 일치된 판단을 내렸습니다.

예술적 감각과 유머 감각이 뛰어난 과학자

때때로 의견이 일치되지 않아서 몇 날 며칠이고 결론이 날 때까지 토론을 했던 적도 많았습니다. 그 중 가장 기억에 남는 일은 한국형경수로에 안전감압장치를 설치하는 일이었습니다. 사업자 측에 자문을 하던 전완영 박사님은 한국전력과 CE의 사업자들과 더불어 안전감압장치를 설치하지 말자는 입장이었고, 필자는 그것이 꼭 필요하다는 주장을 내세우던 터였습니다. 경영적 측면에서는 설치하지 않는 편이 시간이나 재원을 절약하는 방도였던 것입니다. 필자가 끝끝내 안전감압장치를 설치해야 된다고 주장하자 사업자 측에서도 끊임없이 필자를 설득해왔습니다.

지금 생각해 보면 회자할 수 있는 추억이 되었지만 그때는 정말 곤란한 일이었습니다.

결국 단호한 입장을 고수했던 필자의 의지 대로 한국형 경수로에 안전감압장치가 설치됐습니다. 이후 전 박사님은 "의견이 일치되지 않아 한동안 서운했지만 결과적으로는 이번 기회를 통해 한국형원자로가 미국의 시스템인 AT보다 훨씬 더 좋은 원자로가 됐다"고 인정해 주셨습니다. 오랜 의견 대립 끝에 주신 따뜻한 말씀에 참으로 감사했습니다.

이처럼 전 박사님과 필자는 때때로 의견이 다르기도 했지만 늘 변함없었던 것은 그의 애정과 격려, 특유의 인간적인 온기였습니다. 그는 기술적인 딱딱한 이야기를 하다가도 금방 예술적인 분위기를 통해 상대방의 마음을 편안하게 해주곤 했습니다. 그를 통해 들었던 고운 선의 바이올린 연주, 흥미로운 고전문학 이야기가 그랬습니다. 문학이나 음악 등 모든 면에서 능통했던 그는 아주 낭만적이셨던 분으로 기억합니다. 과학자로는 보기 드물게 예술적 감각과 능력, 유머를 갖춘 분이셨습니다.

1986년 전완영 박사님이 한국전력의 한국형원자로 기술자립 연구고문을 시작한지 10년 만인 1995년, 한국형원자로가 완성됐습니다. 전완영 박사님은 가동 원전 안전성 향상과 우리 원전의 기술자립에 주도적 역할을 하며 많은 공헌을 했습니다. 그로부터 9년 뒤인 2009년, 우리는 아랍에미리트에 우리 고유 기술로 설계한 원자로를 수출하고 원자력 선진국 반열에 오르게 되었습니다.

아마도 지난날 그분의 노력이 없었다면 불가능했을 것입니다. 그럼에도 필자는 항상 '전완영 박사님이 1982년보다 좀 더 일찍 한국에 오셨다면' 하는 아쉬움을 마음에 품곤 했습니다. 그분이 좀 더 일찍 왔다면 이보다 더 찬란한 한국 원자력 연구의 장이 펼쳐졌을 것이라고. 혹시 그분이 지금 우리의 원자로가 수출되고 우리가 원자력 선진국이 된 모습을 본다면 분명 흐뭇한 미소를 머금었으리라 생각합니다.

오늘도 그분을 추억하며 내 마음 속 영원히 함께 하고 있는 그분과 함께 더 멋진 원자력의 미래를 그려봅니다.

나의 恩師, 전완영 박사님

김종경 / 한국원자력연구원장

첫 만남, 유일한 한인 교수와 유일한 한인 학생

뉴욕주립대 버팔로 캠퍼스에서 원자력공학을 시작한 1978년, 필자는 처음으로 전완영 박사님을 만났습니다. 당시 전 박사님은 공과대학 내의 유일한 한인 교수이자 원자력공학과 학과장을 맡고 계셨습니다. 필자 역시 공과대학 원자력공학과 내에서 유일한 한인 학생이었습니다. 유일한 한인 교수와 유일한 한인 학생의 만남이라는 점에서 사실 우리의 인연은 보통 인연은 아닌 셈입니다.

그분에 대한 첫 인상은 단정함과 자유분방함이었습니다. 흰머리와 검은머리가 반반쯤 되는 반백의 50대 중년임에도 장발이었습니다. 거기에 콧수염까지 덥수룩했지만 무언가 정돈되고 깔끔한 모습이었습니다. 어찌 보면 동양판 '아인슈타인'을 보는 듯했습니다.

은사이자 대선배

미국에서 원자력에 갓 입문한 필자에게 전 박사님은 첫 은사님인 셈이었습니다. 그분에게서 필자는 Heat Exchange Design열교환기 설계을 배웠습니다. 뉴욕주립대에서 학부를 마치고 석·박사 학위를 위해 미시간대학으로 옮기는 데에도 적지 않은 영향을 받았습니다. 그분이 미시간대 제1호 한국인 원자력공학박사인 까닭에 필자에게는 학부의 은사임과 동시에 미시간대 대선배라는 인연까지 생겼습니다.

사실 그분은 우리나라 최초의 원자력공학박사였습니다. 이 때문에 필자뿐만 아니라 현재 원자력 분야에 종사하는 한국 내 모든 원자력인들의 선배라 해도 과언은 아닐 것입니다.

학문을 넘어 삶의 대화까지

전 박사님은 필자에게 학문적인 내용뿐만 아니라 이런저런 말씀을 참 많이 해주셨습니다. 원자력이라는 학문과 필자의 진로에 대한 조언은 오늘의 내가 있기까지 큰 방향타가 됐다고 생각합니다. 망망대해와 같은 원자력이라는 학문에 처음으로 눈을 뜬 것은 온전히 전 박사님 덕분이라고 생각합니다.

외로움과 막막함으로 가득했을 유학생활의 시작을 비교적 순조롭게 이겨낼 수 있었던 데에도 그분의 도움이 적지 않았습니다. 돌이켜 보면,

꽤나 보수적인 공과대학 내에서 약소국 출신의 동양인이 정교수가 되고 학과장이 되기까지 크고 작은 일들이 참 많았을 것으로 짐작됩니다. 그럼에도 그는 많은 시간을 할애해 어떤 주제든 필자와의 이야기를 기꺼이 즐겼습니다.

감사한 마음 전하고 싶어

이제는 더 이상 그의 이야기를 들을 수도, 필자의 이야기를 전할 수도 없게 돼버렸습니다. 전매특허였던 콧수염과 만면에 가득한 미소로 후배들을 바라보던 모습도 더 이상 볼 수 없어 아쉽기만 합니다.

역사에 가정이 없듯 인생에서도 가정은 무의미할지 모릅니다. 그러나 만일 필자가 그 시절 전완영 박사님이라는 은사를 만나지 못했다면 어떤 인생을 살았을까 하는 생각을 해봅니다. 오늘을 사는 필자의 삶에 후회가 없거니와 그 후회 없는 삶을 이루기까지 과거 한 시절을 그분과 함께 했다는 사실만으로도 전 박사님께 감사할 일이라 생각합니다.

전완영 박사님, 감사합니다.

MIT대학 만손 베네딕트 교수의 수제자

셀비 브로어 / 전 CE 뉴클리어 회장

셀비 브로어Dr. Shelby Brewe 박사는 지금은 은퇴했지만 한때 미국 CECombustion Engineering, 코네티컷 주 윈저에 위치의 사장직과 최고경영인직에 있었다. 그 임기 중에 한국전력KEPCO / Korea Electric Power Corporation 사장 특별고문역을 맡았던 고 전완영 박사와 역사적인 협상을 이루어 CE가 갖고 있던 원자력 관련 기술을 전적으로 한국에 이전하였다.

이로써 한국은 독자적으로 원자로를 설계·제작하고 또 자체 기술을 다른 나라에 수출할 수 있는 '원자력 기술독립'의 첫 발을 내딛게 되었다. 최근의 눈부신 성과로는 2009년 한국전력이 아랍에미리트UAE에 200억 달러 상당의 원전사업을 수주한 것이라 할 수 있다.

브로어 박사는 CE에 몸담기 전, 1981년부터 1984년까지 로널드 레이건 대통령 초임 당시 미국 에너지부DOE 원자력에너지 차관으로도 활동한 바 있다.

아래 글은 고 전완영 박사의 차남 로버트 전과 브로어 박사와의 전화 통화 내용을 부분 정리한 것으로, 브로어 박사와 전완영 박사가 원자력 전문 분야에 함께 몸담으면서 쌓았던 우정을 회고한 것이다. 글 가운데 괄호로 처리한 부분은 전 박사의 차남 로버트 전이 읽는 이의 이해를 돕고자 넣은 것이다 (전화통화 시간은 2012년 10월 8일 오전 8시 30분).

셸비 브로어 : 먼저 제가 어떻게 아버님과 만나게 되었고 친분을 쌓게 되었는지부터 시작해 볼까요?

로버트 전 : 그렇게 해주신다면 고맙겠습니다.

셸비 브로어 : 아마도 아버님이신 전완영 박사를 처음 만난 것은 1983년 이었을 겁니다. 그 당시 저는 미 레이건 행정부 산하 원자력에너지 차관보였고, 당시 사람들이 붙인 '원자력 대제大帝' 자리에 앉았던 것인데, 바로 그 무렵 우라늄농축과 관련된 사업에 전력을 쏟고 있었지요. 시장경제가 바닥으로 떨어지고 있었고 금융위기가 팽배해 있던 때라 저는 일본으로 가서 얻을 수 있는 수주를 확보하는 한편, 한국에서는 당시 한국전력 사장인 박정기 사장을 만났습니다.

원전 11·12호기 계약체결 후 박 사장은 점심을 근사하게 대접해주었는데, 그 자리에는 전 박사가 계셨어요. 서울의 어느 멋진 식당에서 약 30~40명의 사람들이 모인 자리였고, 점심이 끝난 뒤 전 박사께서 제게 오셔서 환담을 나누게 되었어요. 대체로 전 박사의 염원인 한국의 원전 기술자립에 관한 것이었습니다. 왜냐하면 당시 원자력 공급회사인 웨스팅하우스^{이하 WH}와 캐나다원자력공사^{이하 AECL}가 가동 기술과 연료 처리 등 처음부터 끝까지 통제를 했었기 때문이지요. 그 뒤로 전 박사와는 아주 친밀한 관계를 오랫동안 맺게 되었지요. 그때가 1983년이고, 저는 1984년 후반에 CE 원자력 분야를 이어받아 1985년 최고경영자 직에 오르게 되었습니다.

바로 이때 회사는 사활이 걸린 갈림길에 놓여 있었습니다. 당시 금융 사정은 끔찍했고, 저축해 놓은 자금에 기대는 형편이어서 현금 융통도 원활하지 않아 사업은 적자를 면치 못하고 있었습니다. 다시 말해 당시 사업이 회사를 위태롭게 하고 있던 셈입니다.

1985년 후반과 1986년 초 한국은 원전 11·12호기^{한빛원전 3·4호기}를 발주했습니다. 지금은 다르게 이름을 붙인 듯한데, 제 기억으로 당시엔 'KNU11'과 'KNU12'라고 했던 것 같습니다. 지금 명칭에 대해서는 잘 모르지만, 어쨌든 당시에 나는 한국행이 잦았고, 박정기 사장과 한국전력, 한국원자력연구원의 여러분들을 만났었지요.

이 무렵 전 박사는 한국원자력계의 '큰 목자' Grand Shepherd 격이었습니다. 제가 한국을 방문하면, 갈 때마다 가장 먼저 찾는 분이 전 박사였고, 우리 둘은 한국 원전사업과 이에 빠질 수 없는 원전 11·12호기 발주자로서의 바람과 의지가 어떤 것인가에 대해 깊은 얘기를 나누곤 했습니다.

돌아가신 전 박사께서는 미래를 내다보는 예지능력이 있는 분이었습니다. 알다시피 전 박사는 언사가 부드럽고 조용하며 학덕이 높으시고 바늘처럼 예리하실 뿐 아니라 한 번도 언성을 높이는 것을 본 적이 없어요. 그분의 품위는 존경받는 의원이나 지고한 학자풍이라고 할까요. 한국전력이나 한국원자력연구원의 연구원들, 학생들과 직원들 모두로부터 존경을 받았지요. 그러니 한국에 갈 때마다 반드시 전 박사를 만나러 당연히 가는 거지요. 시간이 지나면서 원전 수주를 위한 제안서가 들어가기도 전인데, 전 박사와 저는 수주를 위한 계획을 함께 준비한 셈이었지요. 마치 전 박사께서 "여러모로 이 회사가 마음에 들어 우리가 바라는 것이 뭔지 확실히 알려주어야겠네"라고 말씀하시듯 그렇게 계획서가 이루어진 듯해요. 전 박사께서는 우리 회사가 제출한 계획서를 '원자력발전을 위한 노아의 방주; The Noah's Ark for Nuclear Power'라고도 부르셨지요. 누구나 아는 일이지만, 그 당시 미국에서는 신규 원자로 발주가 10년 동안 한 건도 없었어요. 미국에서 원자력 관련 사업은 사양길에 접어들었기 때문에 제 생각은 '우리 설계와 기술을 안전한 한국에 가져다 놓으면 어떨까?'로 이어졌지요.

그래서 전 박사께 말씀드리기를, 이는 생生과 사死를 거는 결정으로 협상에 절대 관건임을 말씀드렸지요. 이 수주가 성공하여 기사회생하든지 아니면 우리 회사가 쪼그라들어 원자력 서비스, 원자력연료와 관련된 사업만으로 유지되든지 할 상황이었습니다. 결과는 CE가 기회를 따낸 것으로 내려졌고, 저는 원자력 사업과 관련된 여러 높으신 분들 앞에서 다음과 같은 약속을 했습니다. "… 제 힘 닿는 데까지 한국의 원자력 기간사업과 연료 처리, 원자로 건설과 설계 등 모든 원자력 기술을 자립수준뿐만 아니라 미래에 원자력 기술을 수출할 수 있는 단계까지 끌어올리겠다"라고요. 다시 말해 한국에 전수한 우리의 '시스템 80 원자로'를 한국이 자체기술로 발전시켜 수출할 수도 있다는 말입니다. 그것이 2009년 아랍에미리트에 원자로를 수출하는 성과를 가져온 것입니다.

한국과 이런 계약을 맺는 몇 년 동안, 덧붙이자면 1986년 이후 몇 차례 계약을 더 맺었는데, 지속적으로 전 박사와 자주 만나곤 했습니다.

전 박사께서 윈저코네티컷 주에 오시기도 했습니다. 우리는 기술이전에 따른 막대한 프로그램을 운영한 셈입니다. 내 기억으로는 약 200여 명에 달하는 한국의 기술자들을 윈저로 불러들였고, 거기서 원자력발전소 설계, 원자로 공정과 원자력연료 등에 대해 가르치고 기술을 이전했지요.

또한 전 박사와 저는 여러 한국 국회의원들과도 인사를 나누었습니다. 전 박사는 많은 학자들 중에서도 뛰어난 지도자셨다는 점에 아무도 이의를 달지 못할 것입니다. 실제로 그분은 한국의 원자력과 관련된 모든 분야를 포괄하는 지성을 갖춘 지도자셨지요. 이렇게 말하는 데 저는 조금도 주저하지 않습니다. 전 박사께서는 마치… 혹시 영화 '스타워즈'를 좋아하세요?

로버트 전 : "네"

셀비 브로어 : 전 박사께서는 그 영화 속의 요다가 갖춘 여러 가지 특징을 되새기게 합니다. 요다는 은발이 성성하고 지혜가 가득한 제다이 기사로서 일을 추진하고, 전장에서 싸우고 그리고 젊은이들을 가르칩니다. 바로 이 점이 전 박사님을 떠오르게 합니다. 당연히 전 박사는 출중한 키에 아주 멋지게 생긴 분이셨고 고상하지요. 요다는 체구가 작지만, 저는 그런 외모만 빼고는 두 분이 참 닮았다고 봅니다.

이렇게 전 박사와의 친분은 몇 년을 흘러, 원자력발전 계약과 더불어 돈독해졌습니다. 1986년에 일어난 재미있는 일화가 한 가지 있습니다. 우리 회사가 계약을 따내 이에 합의하는 결재를 하고, 그러는 동안 이에 실패한 WH는 매우 분개했습니다. 또 다른 캐나다원자력공사나 프랑스의 프라마톰 등 경쟁회사들도 마찬가지였지요. WH는 한국이 우리와 맺은 계약을 재고할 수도 있겠지 하는 생각에 신문에 내가 당시 대통령이었던 레이건 씨와의 친밀함을 빌어 계약에 성공했다고 비방하는 글을 내는 등 수선을 피웠어요. 이 얘기대로라면 내가 코네티컷에서 백악관까지 내려가 대통령관 책상에 두 다리를 올리고서 "로널드, 자네가 날 도와야겠네. 한국 대통령 전두환 씨라고 기억되는데, 그 대통령에게 전화를 한 통 넣어서 계약을 성사시켜 달라고 해줘야겠네"라고 했다는 거지요.

내가 그 정도 힘이 없었을 뿐만아니라 이건 전혀 말이 안 되는 거예요. 나는 그냥 하고 싶은 대로 말하라고 내버려 두었습니다. 별로 반박하지 않았어요. 왜냐하면 당시 레이건 대통령은 한국에서 영웅과 같았으니까요. 만약 WH가 이런 식으로 말을 꾸며 흘려보내고 싶으면 그냥 두면 되었던 거지요. 그점 때문에 사실 한국에서 다음 계약도 따낼 수 있었습니다. 전 박사께서도 이런 것에 대해 어떻게 생각하시느냐는 질문을 받으시면, 오히려 "그래서? 그렇다면 셸비 브로어 박사가 좋은 분을 가까이 두신 게로군" 하셨답니다. 그래서 그 말씀 그대로 알려졌다고 해요. 당연히 우리가 수주를 따냈지요. 우리 기술이전 프로그램이 당시 물결을 바꾼 거예요. 그 프로그램이야말로 100퍼센트 확고한 것이었고, 우리는 우리가 가진 어떤 기술도 숨기려 하지 않았습니다. 가진 기술로 더 이상 무엇을 하겠습니까. 우리 엔지니어들이 그걸 먹고 살 수 있습니까. 가족들을 먹여 살리겠습니까. 그러니 이를 필요한 곳, 잘 사용할 수 있는 분들에게 이전하여 좋은 값을 받아야겠다고 한 것입니다.

여러모로 보나 전 박사는 거인이십니다. 전 박사에 대해 논한 글들도 많습니다. 몇 가지 책을 들여다보았는데, 그 가운데 김병구의 저서인 『원자력 비단길 : *Nuclear Silk Road : Koreanization of Nuclear Power*

Technology(Byung-koo Kim, 2011년)』이 있습니다. 김 박사는 전 박사보다 한창 연배가 낮은 분인데, 아마도 50~55세 가량이 아닐까 싶네요. 그가 당시 우리 계약과 관련된 프로젝트 총괄담당이었는데, 그 분 책에 전 박사에 대해서도 말씀한 부분이 있어요. 또 『할아버지의 순박한 이야기: *Plain Stories by a Granpa*(President Park Jung-ki, 한국전력 박정기 저, 1990년)』라는 책은 글쓴이가 손자들에게 보내는 편지글 형식인데, 거기서 특출난 인물을 거론할 때 전 박사에 대한 글도 있었지요.

몇 년 전에 돌아가셨지만, 전 박사와 나는 MIT대학에서 만손 베네딕트 교수님을 함께 모시고 공부한 적이 있습니다. 베네딕트 선생님은 저의 은사셨습니다. 전 박사는 MIT에서 원자력공학과를 만들기 전에 바로 거기서 공부를 하셨지요. 내 기억으로는 1956년에 그 학과가 개설된 것 같은데, 전 박사께서는 1955년 즈음(실제로는 1954년)에 공부를 하셨던 것 같아요.

그뒤 어느 날 MIT원자력공학과에서 큰 모임이 있었는데, 약 100여 명의 유명인사 사진 중 전 박사가 아주 출중한 인물로 돋보였습니다. 당시 난 레이건 행정부시절 '원자력 대제大帝' 자리에 있었습니다. 함께 하신 베네딕트 선생께서는 전 박사에 대해 약 5분 정도 말씀하시고 저에 대해서는 60초 밖에 할애하지 않으시더군요. 엔지니어링과 정치가 섞이는 것을 용납하지 않으실 작정이었기 때문이지요웃음.

※ 편집자주 / 셀비 브로어 박사는 1968년 미 MIT대학에서 원자력공학 박사 학위를 취득했으며, 미 에너지성(DOE) 차관보를 거쳐 CE 뉴클리어 사장과 CE 회장을 역임했다.
※ 이 글을 정리한 로버트 전은(Rovert Chon)은 전완영 박사의 차남이다.

백제후예, 아메리카를 가다

큰 사람의 팔로 둘러 돌릴만한 큰 나무도

조그마한 어린 나무에서 시작한다.

9층까지 올라가는 높은 건물도

조그마한 한 줌 흙에서 시작되며

천리 길 여행도

처음 딛는 첫걸음에서 시작된다.

−「도덕경 제64장」 중에서

−천리의 여정도 처음 일보로 시작된다〈도덕경〉

서울 을지로 반도호텔에서 김포공항으로 가는 버스 속에 한 공학도가 있었다. 그는 미국 MIT의 여름프로젝트^{FSSP}에 참가하기 위해 미국 보스턴으로 향하고 있었다. 때는 1954년 6월 5일, 지금으로부터 꼭 56년 전 그의 나이 서른 살 젊은이였다.

이 책은 한국의 한 공학도가 지금부터 56년 전인 1954년 미국에 들어가 아직 걸음마 단계였던 미국 원자력계에 몸을 던져 고국의 원조 없이 악전고투하는 데서 시작된다.

앞에 있는 장애물을 하나하나 넘을 때마다 그는 항상 떠나온 조국 대한민국을 생각하고 있었다. 그리고 기회가 주어진대로 조국의 원자력계에 도움이 되고자 노력하였다.

그러나 궁극적으로 그가 조국에 대한 결정적인 공헌을 해야 할 시점은 미 학계를 떠나 귀국해야만 이루어질 것은 너무나 자명한 일이다.

이 책의 편성은 1부에서 3부까지 구성되어 있다. 1부는 희망을 품고 미국으로 건너간 저자가 미국과 캐나다에서 대학원생 그리고 교수로서 경험한 이야기이고, 2부는 재미원자력 학자로서의 여정을, 3부는 조국 대한민국을 위해 헌신하는 내용으로 나뉘어져 있다.

독자들은 저자의 학내 지위와 연구가 진척될수록 저자의 관심이 더욱 한국원자력계에 남겨진 과제와 동일화를 느낄 것이다. 또 한국원자력계에 전환기를 가져다 준 결정적인 공헌을 간략히 소개하고 있으며, 에필로그, 부록으로 구성되어 있다.

맥전^{Mc Chon}은 서울대학교 공과대학을 졸업하고 MIT 여름특별강좌), 그리고 당시 세계에서 최초의 핵공학과에 원자로 시설을 갖고 있던 북 캐롤라이나 주립대학교를 거쳐 앤 아버^{Ann Arbor}에 있는 미시간대학교에서 동양인으로서는 최초로 핵공학 박사학위를 수여받은 바 있다.

그 후 디트로이트 원자력발전개발연합^{APDA : Atomic Power Development Associates}에서 페르미 신연료^{Permi, 迅連爐}의 설계요원으로 잠시 일하다가 로드아일랜드 주립대학교에서 교편생활^{조교수}을 시작해 캐나다 맥길대학교^{부교수}, 그리고 마지막 뉴욕주립대학교^{정교수}에선 핵공학과 주임으로 일

했다. 대학 내에 위치한 뉴욕원자력연구소 소장을 겸임했던 것도 이때
의 일이었다.

'맥전Mc Chon'이라는 그의 필명은 다소 스코틀랜드 풍으로 들리겠으
나 이는 당시 구미歐美 사람들과 접촉이 많았던 데서 기인한다고 할 것이
다. 이점 독자 여러분의 이해를 바란다.

맥전은 백제百濟의 건국 공신 전섭全攝을 시조始祖로 한다. 옛날 만주와
북조선에 있던 고구려의 시조 왕 주몽朱蒙/東明聖王 때 차대 왕위계승 결정에
불만을 가졌던 차남 비류沸流 왕자와 삼남 온조溫祚 왕자가 바닷길을 통해
고구려를 떠나 조선반도 남부에 십제(十濟/나중에 백제. 일본인들이 말하는
구다라Kudara는 큰 나라에서 왔고 종주국을 의미한다)를 세웠으며, 건국 10공
신 중 중진의 한 분이었던 환성군歡城君 전섭全攝의 후손인 것이다.

이들의 십제 건국과 동시대 셋째 왕자 온조가 태조로 왕위에 즉위하
고 최초의 왕도를 한성漢城 / 서울이라 불렀다. 때는 BC 18년의 일이다.

그 후 고려 25대 왕 고종 15년AD 1232 몽고元 군이 침략했을 때 공을 세
우고 조선의 강화도 천도를 도운 성산군 전흥全興을 중시조로 모신다. 성
산전씨星山全氏 총보總譜에 의하면, 전완영全完永은 십제 건국부터 제73대 후
손이 된다.

여담이 될는지 모르지만 백제百濟의 전성기였던 서기 380년 경에 왕위
를 취득 못해 실망한 한 왕자가 그 대신 백제 왕조의 절대적인 지지 밑에
왕도 한성에서부터 시작하여 낙동강 하류를 거쳐 대마도와 북구주北九州
를 정복하고 이어서 세도나이카이懶戸内海의 일본 주고쿠中國와 시고쿠四國을
점령하여 드디어 일본의 긴기近畿지방에 있는 나라奈良에 도달했다. 그것

이 390년이고 그 왕자는 왕국인 야마도大和를 세웠는데 그의 이름은 '호무다 왕'이고, 그는 바로 제15대 천황으로 알려진 오진천황應神天皇이다. 그래서 일본의 역사를 1600여 년에서 2600여 년으로 만들려던 일본의 고전 니혼쇼기日本書記와 고지키古事記의 날조는 자명해졌고, 백제의 한 왕자가 일본 야마도大和를 창립한 것이 확실해졌는데 이같은 결론은 일본 그리고 한국의 고전들을 철두철미하게 검토한 서울대학교 홍원탁洪元卓 박사가 정립한 것인즉 이에 앞서 일본 와세다대학의 쓰다津田 교수와 동경대학의 에카미江上 교수가 세계 2차 대전 후에 종래의 덴손고린天孫降臨 식의 일본 역사를 비평하고 나왔을 뿐만 아니라 맥전의 친구이자 일본원자력계의 태두 나가무라 고지中村 康治 박사가 한일원자력회의에 참석했던 한국원자력 전문가들에게 시종 말한 바 있다.

그의 민주주의적인 견해와 학문적인 한일관계의 이해로서 알려진 일본 헤이세이 천황平成天皇이 2001년 그의 생일에 발표한 내용은 일본 고분시대가 질 무렵 일본 쯔르가敦賀 지방에 집결되어있던 신라계통의 한 분이 개이타이천황繼体天皇으로서 황통을 계승한 후의 진실된 이야기일 것이다.

이상과 같은 백제 그리고 신라가 일본 고분시대 야마도大和부터 일본 창립의 주인공이었음에 비해 맥전은 이 책에서 보듯이 그의 조상들과 달리 누구의 도움도 없이 단신으로 북미에서 그 도상에 있는 많은 장애물과 싸우면서 결국 이겨낸 한 사나이의 이야기라고도 하겠다.

다만 받은 도움이라면, 그가 뉴욕주립대학에서 정교수 승진의 제1후보로 정교수회에서 총장에 올라갔을 때 맥전과 그의 원자력공학과를 제거하려고 음모한 전 하버드대학 공과대학 부학장이었고 그때 이곳 공과대학의 학장에 대하여 항의하여 1주일에 걸친 전 공과대학 학생들의 동맹휴교와 그에 따른 안식년安息年으로 영국 캠브리지대학 교수의 개입으로 인하여 학장이 패배하고 그는 국립표준국 응용과학연구소장으로 떠났던 일이었다.

　보통 보수적인 공과대학 학생들이 한 주일간 동맹휴교까지 하면서 자기들이 사랑하는 한 동양인 교수를 보호한 것이야말로 전대미문의 일이여서 결국 맥전은 직접 총장으로부터 정교수직 승진장을 받았다. 맥전은 이를 평생 잊을 수 없는 일로 기억하고 있다.

　책에 나오는 일부 사람들은 본명을 사용하지 않았다. 그것을 제외하고 사실을 있는 그대로 꾸밈 없이 기술하려고 애썼다.

　북미대학 내의 정치 싸움은 잔혹했으나 그 대신 재미있는 점도 있었다. 영국 캠브리지대학의 C.P Snow 교수가 쓴 *The Affair*는 너무 신사적이라고나 할까. 적어도 거기에는 조국 원자력계의 발전을 꿈꾸는 그러한 달콤함은 없다.

　원하건데 독자 제위께서 조금이라도 즐겁게 읽어주시면 감사하겠다.

　마지막으로 이 책이 세상에 나오게 도와주신 글마당 출판사 편집위원들께 감사를 드린다.

2010년 1월 25일

미국 캘리포니아주 산호세에서

CONTENTS

2부

재미 원자력 학자로의 여정

SECTION 1

꿈을
향하여

이 세상 모든 것은 에너지다. 그것이 전부다. 원하는 현실과 주파수를 맞추면, 그 원하는 현실을 얻을 수 밖에 없다. 반드시 그렇게 된다. 이것은 철학이 아니다. 이것은 물리학이다.

– 알버트 아인슈타인

으-샤!

1954년 5월 초순, 서울대학교 공과대학 맥전의 사무실에 미국에서 보낸 한통의 편지가 도착했다. 조금은 뜻밖이라 생각하며 편지를 쳐다보는 그의 눈에 'Foreign Student's Summer Project' 외국학생 여름특별연구과제라는 글자가 들어왔다. 그 밑에는 MIT라고 적혀 있었다. 서둘러 열어 본 편지 앞머리에 'Congratulations!'이라는 인사말이 눈에 들어왔다.

순간 잊고 있었던, 이미 치렀던 그 시험이 생각났다. 공과대학 학장실에 불려 들어가 "시험이 한 달 안에 있으니 한번 도전해보는 것이 어떻겠느냐"고 하셨던 김동일 학장님의 말씀이 뇌리를 스쳤다.

맥전은 독일 유학을 목표로 독일어 공부에 매진하였으나 학장님의 말씀을 거절할 수가 없어 가벼운 마음으로 미국 MIT대학교가 주관하는 시험을 치렀는데 다행히 1차에 합격되어 내친김에 구술시험까지 치렀었다. 때마침 그해 2~3월에는 스위스에 가는 시험이 있었고, 4월에는 갑자기 결혼도 하게 되어 이 모든 일이 일사천리로 진행되었기 때문에 MIT의 일은 까마득하게 잊고 있었던 것이다.

편지에는 맥전을 초대하겠다는 것과 이번 연구행사에 참여하는 것은 MIT로부터 연구기금이 조달되는 것이니 개인 경비가 추가로 지출되지 않으며, 6월까지는 MIT에 와 달라는 내용이 적혀 있었다. 한 달 정도의 시간밖에 남아있지 않았다.

편지에 의하면 서울에 있는 미국대사관에서 협조해 줄 것이라 했다. 미국대사관은 서울에서 메사추세츠 주 보스턴까지 왕복비행기표를 마련해 주었고, 대사관의 슈메이커 씨가 그의 관저에서 이번 일로 선정된 세 사람을 위하여 축하연회까지 베풀어 주었다. 그 뒤 한 달 동안은 여권과 비자 발급 등 미국에 갈 준비로 정신없이 바빴다. 연구과제는 4개월이라는 짧은 기간에 끝내야 했으므로 개인 소지품에 대해서는 신경 쓸 여력이 없었다.

미국으로 출발하는 6월, 우리 세 사람은 을지로에 있는 반도호텔에서 만나 함께 떠나기로 했다. 그 자리에는 맥전의 어머니와 아내 그리고 맥전이 학교에서 가르쳤던 학생들이 나와서 환송해 주었다.

4개월 후에 돌아오는 것으로 예정되어 있었지만, 왜 그런지 맥전의 가슴속에는 알 수 없는 벅찬 감동이 일었다. 잠시지만 그날 뵈었던 어머니의 얼굴은 지금도 잊혀지지 않는다. 그것으로 어머니와 마지막이 될 줄이야!

4개월로 끝날 예정이었던 미국생활이 56년이나 되는 길고 긴 여정이 될 줄은 그 누구도 예측하지 못한 일이었다.

조그마한 손가방 하나, 주머니에는 전부 합해야 미화 50불쯤 될까 말까한 적은 돈을 지닌 맥전은 공항으로 가는 특별버스에 몸을 실었다. 그의 나이 서른이었다.

태평양 상공에서 일어난 작은 비행사고

서울에서 일본 하네다 공항까지는 두 시간 반밖에 안 걸렸다. 하네다 공항에서 맥전은 2차대전 말에 쓰였던 B-29를 여객기로 개조한 판아메리카 항공사의 비행기로 환승했다. 그 비행기는 프로펠러 엔진이 4개 달려 있는, 당시로서는 가장 큰 기종이었다. 여객실에서 계단으로 내려가면 폭탄 창고를 개조한 바^{Bar}에서 음료수를 마실 수 있는 최신식의 여객기였다.

엔진이 프로펠러식이라는 것은 당시 기술수준을 말해주는 것이다. 항공거리도 제한되어 있어 샌프란시스코까지 가려면 웨이크 섬과 하와이를 경유하지 않으면 안 되었다. 저녁 9시경 도쿄를 출발하여 한밤중에 웨이크 섬에 도착해 연료를 공급받고 하와이로 떠날 예정이었다. 비행기가 이륙하자 열 명 남짓한 승객들은 잠 잘 준비를 하고 있었고, 곧바로 맥전도 잠을 청하였다. 그러나 비행기 여행에 익숙하지 못했던 맥전은 유리창을 통하여 어둠 속에 희미하게 드러난 비행기 프로펠러 엔진만 물끄러미 바라볼 뿐이었다. 결혼한 지 두 달밖에 안 된 아내와 어머니의 얼굴이 비행기 유리에 스쳐 지나갔다. 잠이 오지 않아 이 생각 저 생각을 하면서 뒤척이던 중 갑자기 비행기 몸체가 흔들려 창밖을 쳐다보니 오른쪽에 있는 엔진 두 개 가운데 하나가 천천히 돌아가는가 싶더니 결국은 완전히 멈추고 말았다.

순간 비행기는 앞뒤로 심하게 흔들렸고 속도도 급속하게 떨어졌다. 맥전은 왼쪽 엔진을 보려고 몸을 비틀었다. 두 개 중 바깥쪽 엔진 속도가 차차 떨어지더니 그것마저도 아예 멈춰버렸다. 비행기 균형을 맞추기 위해 일부러 왼쪽 엔진을 멈춘 것이란 생각이 들었다. 맥전은 창가에 앉아 있는 승객들의 얼굴을 하나하나 훑어보았다. 대부분 아무것도 모르고 자고 있었지만, 몇 명은 비행기가 흔들리는 바람에 깜짝 놀라 비행기 바깥쪽을 보기 위해 차창 밖을 쳐다보기 시작했다. 스튜어디스가 앞쪽에 있는 조종실로 급히 들어갔다.

얼마 되지 않아 비행기의 책임자로 보이는 조종사와 스튜어디스가 함께 나와 승객들을 보살피면서 비행기 뒤쪽으로 갔다. 그들의 모습이 다시 보이자 맥전이 뭔가 물어 보려 하였더니 손을 입에 대면서 아무 말도 하지 못하게 했다.

맥전은 그저 미소를 지으면서 알았다는 듯 고개를 끄덕였다. 비행기는 앞뒤로 흔들리다가 급기야는 양옆으로도 흔들리기 시작했다. 엔진 네 개 가운데 두 개를 잃어도 이 거대한 비행기는 안전하다는 것이겠지.

맥전은 요동치는 비행기의 진동에 몸을 맡겼다. 두 달 전에 읽은 신문 기사가 떠올랐다.

미국 군용기 한 대가 임무를 끝낸 간호장교를 포함한 군인들을 태우고 귀국하다가 일본과 웨이크 섬 사이에서 조난을 당했다는 기사였다. 현장으로 달려간 구조대원의 말에 의하면 충격을 받은 비행기 동체와 간호장교의 시체도 발견되었다고 했다. '사고지점이 아마 이 근처였겠지' 하는 생각이 들자 소름이 쫙 돋았다. 세 시간쯤 지나자 비행기는 조명으로 환히 비춰진 활주로를 통해 착륙했다. 거친 착륙에 놀라 눈을 뜬 둔감한 승객들에게 스튜어디스는 살짝 미소를 지으면서 말했다.

"믿지 못하시겠지만, 여기는 다시 동경입니다. 여러분은 동경에 안전하게 도착하셨습니다."

맥전 일행은 버스를 타고 동경역에 있는 호텔로 갔다. 하와이에서 새 엔진이 도착하려면 이틀이 걸린다고 했다.

다음날은 엄청난 비가 쏟아졌다. 호텔 안에만 있자니 너무 갑갑해서 일행은 아사쿠사에 쇼를 보러갔다. 태평양전쟁이 끝난 지 9년째, 적어도 그의 눈에 비친 아사쿠사의 상권은 회복된 듯 했고 많은 사람들로 북적거렸다. 맥전 일행은 쇼를 보기 위해 안으로 들어갔다.

대여섯 명의 여성들이 무대 위에서 춤을 추고 있었다. 재미있는 것은 그들 모두의 윗옷에 번호가 크게 붙어 있었다. 나중에 들은 이야기이지만 무대에서 춤추고 있는 여성에게 관심 있는 사람은 그 번호를 적어 데이트를 신청할 수 있다는 것이다. 작년에 한국전쟁이 끝나 이곳에 왔다는 제대미군은 한국전쟁이 일본의 경제부흥에 많은 공헌을 했다고 했다. 1949년에는 미국도 심한 경제불황을 겪었다고 했는데….

1950년 1월 12일, 미국 국무장관 딘 애치슨이 미국 워싱턴의 기자클
럽에서 "일본은 미국 방어권에 포함되지만 한국은 방어권 밖에 있다"고
발언했는데, 같은해 1월 한국을 공식 방문한 모 육군준장이 동경의 기자
간담회에서 "한국은 산악지대이다 보니 대포도 필요 없고 기관총이면
족하다"고 말했다고 한다.

상황을 미루어 짐작하건대, 이런 극단적인 표현을 서슴지 않은 이유
는 평양에 와 있는 소련대사가 들으라고 한 말들일까?
그래서 5개월 후에 일어난 한국전쟁, 당시 한국 인구의 8퍼센트인 2
백만 명의 목숨을 앗아간 처절했던 그 전쟁, 그후 1960년대에 아이젠하
워 대통령의 '군-산업체협동'Military-Industrial Complex이 과연 정당한 설
이었던가? 눈앞에 일본이 누리는 경기호황을 보니 맥전은 씁쓸했다.

**하와이에서 지낸
하룻밤**

동경에서 이틀 밤을 보낸 뒤 다시 판아메리카
호를 탔다. 손상되었던 오른쪽 바깥날개를 옆
눈으로 흘깃보니 여전히 마음에 걸렸으나 이
번에는 아무 일 없이 새벽 두시에 웨이크 섬에 도착했다. 한밤중이지만
조그만 미니버스를 타고 섬을 한바퀴 돌아보았다. 태평양전쟁이 끝나고
9년이 지났는데도 섬 가운데 바다에는 화물선의 후반부가 수직으로 물
위에 올라와 있었다. 폭격을 받아 침몰한 일본군용선이었다.
배 구경을 하고 나서 비행기를 다시 타고 정오쯤에 하와이에 도착했

다. 이민관들의 검열을 받고 세관을 통과할 즈음에 세관직원이 깜짝 놀라면서 물었다.

"아니, 이것이 전부란 말이요?"

아래 위 속옷 2벌, 치약, 칫솔이 맥전이 가지고 있는 짐의 전부였다. 맥전 일행 세 사람 가운데 한 사람은 서울공대 화공과 강사로 있던 심씨였는데 그는 성격이 능청스럽고 마음이 넓은 친구였지만, 태평양 위에서 당한 엔진사고 때문에 정신적으로 아주 피곤한 상태라고 불평했다. 맥전과 또 한 사람이 심 씨를 저지하려고 했으나 그의 입을 막을 수 없었다. 판아메리카 직원은 그의 불평을 듣자 "알겠습니다. 그러면 이곳 와이키키 해변에서 하룻밤 주무시고 가세요. 호텔비용은 저희들이 모두 지불하겠습니다"라고 말하는게 아닌가.

어차피 MIT 도착은 늦어졌으니 이곳에서 좀 쉬었다 가는 것도 좋겠구나 싶어서 세 사람은 항공사가 지정해준 와이키키 해변에 있는 큰 호텔에 들어가서 저녁을 먹고 해변을 산책했다.

당시에는 오늘날과 달리 호텔이 두서너 개밖에 없던 시절이라 해변을 산책하는 사람도 별로 없었다. 산책을 끝내고 호텔로 돌아올 무렵 체격이 좋은 미국인이 우리 일행 앞에 나타나서 아주 정중한 태도로 인사를 했다.

"한국에서 오셨죠. 내일 아침에는 미국으로 떠나시죠. 하여튼 미국에 가시면 맹세한 대로 얌전하게 행동해 주십시요."

어떻게 대답해야 할지 몰라 어리둥절하고 있자니 그는 할 말을 다 했다는 듯 어디론가 사라졌다.

맥전은 50여 년이 훨씬 지난 지금도 당시의 수상한 남자의 정체를 알 길이 없다. 1954년에 미국의 연방수사국과 중앙정보부가 설립되었다면 이렇게 정중한 태도로 그리고 위압적으로 말하는 자가 그 두 기관 중에서 나왔을 테지. 미국에 공부하러 가는 대학원 학생들에게 그는 왜 이런 메시지를 남기고 갔을까? 서울에 있는 미국대사관에서 호의를 베풀어준 슈메이커 씨와는 정반대의 사람이었다. 물론 슈메이커 씨는 수사국 소속이 아닌 정보부 소속이었지만 해변의 이 남자는 수사국에서 파견한 사람일지도 모르겠다. 옛날부터 수사국과 정보부는 서로 협력이 잘 안 되는 정부기관으로 알려져 왔으니….

다음 날 아침 일찍 짐꾼 둘이 올라와 서울대학교 전기공학과 조교수였던 김 씨와 심 씨의 짐을 아래 로비로 옮겨주었다. 맥전은 짐이 없었기 때문에 손가방 하나만 가지고 내려갔다. 특히 심 씨는 MIT 여름특강이 끝나고 스코틀랜드 에딘버러로 갈 예정이었기 때문에 짐이 많았다. 짐을 자동차 트렁크에 싣고 나서 일행은 공항으로 급히 떠났다.

차가 호텔 정문을 빠져나가기 전, 김 씨가 외쳤다. "아이쿠, 저 양반들에게 팁을 좀 줄 것을!" 맥전은 호텔 쪽을 쳐다봤다. 두 사람 모두 손을 흔들어 배웅하는 모습이 보였다.

| 마침내 MIT에 도착 | 하와이에서 샌프란시스코까지 온 맥전 일행은 다시 비행기를 바꿔 타고 미 대륙을 횡단하기 시작했다. 첫 번째 도착지는 캔사스 주의 공항이었다. 비행기가 착륙하여 문이 열리자마자 화씨 100°F 이상의 뜨거운 열기가 비행기 속으로 확 들어왔다.

여름이 되면 미국의 내륙지방은 화씨 100°F 이상의 온도가 된다는 것을 난생 처음으로 경험한 순간이었다. 보스턴 로건 공항에 도착한 것은 다음날 새벽 1시쯤이었다. 늦은 시간에도 불구하고 MIT에서 한 학생이 마중나와 캠브리지에 있는 MIT의 게스트하우스로 안내했다. 맥전은 602호실에 배정되었다. 맥전의 미국생활은 이렇게 시작되었다.

맥전은 오전에 담당교수인 웨버H.C. Weber 교수를 방문했다. 그리고 와카메모리얼에 가서 일주일 동안 필요한 경비를 수표로 받았다. 주머니에는 한국에서 가지고 온 50불 밖에 없었으니 경제적으로 간당간당한 입장이었는데 안심이 되었다. 수표를 받은 뒤엔 MIT 주변을 둘러보았다. 가장 먼저 대학서점, 기술 관련 서점이라고 쓰인 간판이 눈에 띄어 그곳에 들어갔다. 공과대학이어서인지 서점 안에는 이공 계통의 책이 많았다. 전기화학이 전문분야였던 맥전은 그 분야의 책들을 찾아보았지만 찾지 못했다. 대신 바로 옆에 있는 책꽂이에 『핵공학 개론』Introduction to Nuclear Engineering이라는 책이 있어 꺼내 보았다. 개론이다보니 책의 두께는 얇았지만 흥미가 있을 것 같아 그 책을 샀다.

크고 넓은 태평양을 건너왔으니 낮과 밤이 바뀌어서 낮에는 잠이 못

견디게 쏟아지고 반대로 밤에는 불면증에 시달렸다. 맥전으로서는 처음 겪는 일이었다. 맥전은 방에 들어가자마자 방금 사온 책들을 꺼내 들었다. 읽고 있는 동안 깜박 잠이 들었다.

'두서너 시간 잤겠지' 맥전을 깨우는 소리에 일어나 보니 룸메이트가 웃으며 옆에 앉아 있었다. "저녁때가 되었으니 카페테리아에서 저녁을 같이 먹자"고 했다. 저녁을 먹고 돌아와『핵공학 개론』을 다시 읽기 시작했다.

『핵공학 개론』의 저자인 레이몬드 머리 박사는 노스캐롤라이나 주립 대학의 교수였다. 클리포드 베크 박사와 더불어 인접하고 있는 테네시주의 오크리지 국립연구소를 떠나 노스캐롤라이나 대학으로 와서 세계 최초의 핵공학과를 개설한 분이었다. 맥전은 책을 덮으며 생각했다. '미국에 온 이상 이 기회에 전공을 한 번 바꿔볼까?'

전공을 전기화학에서
핵공학으로 바꾼 맥전

M IT에서 지내던 두 주일은 하릴없이 그저 시간만 흘러갔다. MIT에 와서 연구하기로 되어 있던 전기화학 실험은 꽤 시간이 걸리는 것이어서 석 달이 아니라 3년이 필요했다. 지금부터 시작해 한국에 가지고 가, 계속해서 실험하는 것도 가능한 일이었겠지만, 당시 한국은 전기화학보다는 당장 전기가 필요한 실정이었다.

한국은 한국전쟁 전에는 전력의 90퍼센트를 북한에서 공급받아 사용했는데, 북한에서 갑자기 전력공급을 중단하는 바람에 촛불에 의지하지 않으면 안 되었다. 전쟁 중에 전력을 공급하는 전선들도 거의 다 파괴되어 전력사정은 그야말로 비참했다.

한국에 석유나 천연가스 등 지하자원이 없는 것은 일본과 매한가지 사정이다. 그래서 원자력이 핵무기가 아닌 원자력발전소 건설을 통해서 국민의 생활을 윤택하게 해주는 밑거름이 된다면 평화를 바라는 맥전에게도 더 이상 바라마지 않을 것이다.

　'자원이 거의 없는 한국은 원자력만이 유일한 대안이 아닐까? 그렇다면 머리 박사가 재직하고 있는 노스캐롤라이나 주립대학에서 해답을 찾을 수 있을 것이다'

　이곳 MIT 화학공학과 안에서도 원자력을 연구하려는 움직임이 있다는 것을 맥전은 2주일 머무는 동안에 감지하고 있었다. '유명한 원자력학자인 만손 베네딕트 박사를 중심으로 독립된 원자력공학과를 만들려면 몇 년은 걸리겠지? 하여튼 가장 중요한 것은 지금 미국에 있을 때 세계적인 흐름을 파악하고 맥전의 전공도 다시 검토하는 것이 더 중요하고 시급한 문제' 라고 생각했다.

　MIT에 도착한지 며칠 지나지 않아 이런 결정을 한다는 것은 결코 쉬운 일이 아니었으나 맥전은 결국 노스캐롤라이나 주립대학에 편지를 보냈다. 회답은 2주일이 채 안 되어 왔다. 원자력공학과 과장인 클리포드 베크 박사로부터 온 것이었다.

　'귀하의 편지는 잘 받았습니다. 금년 가을부터 신입생으로 들어오는 것을 환영합니다. 석사과정으로 시작하는 것이 어떨까요? 한달에 120불씩 연구비를 우선 9개월 동안 지불하겠습니다. 공부를 계속하기 위해 미 국무성으로부터 양해를 받아내는 것은 이곳 노스캐롤라이나 주립대학에서 하겠습니다. 큰 문제는 없다고 생각합니다'

긍정적인 대답이었다. 맥전은 MIT의 여름특별강좌^{FSSP}를 끝내고 9월 초에 노스캐롤라이나 주의 라레이 시로 떠나기로 결정했다.

　　다음날 맥전은 외국학생 여름연구과제 본부로 갔다. 연구과제를 바꿀 수 있는가 물어보기 위해서였다. 대답은 간단했다.
　　"우리는 괜찮습니다. 무엇이든 하고 싶은 일을 하세요."
　　FSSP 본부의 직원은 계속해서 "웨버 교수가 연세가 들어 이번 여름 말 은퇴한다"고 덧붙였다. 그렇다면 MIT에서 전기화학 실험을 시작해 봤자 계속 인도해 줄 교수가 없어진다는 말이 아닌가?

　　FSSP로 미국에 온 외국 학생들이 MIT대학원에 들어가기 위해서는 각자 자기 나라에 들어가서 2년을 기다려야 한다고 한다. 이러한 규칙이 없으면 FSSP가 외국에서 온 우수한 학생들과 전문인을 MIT로 인도하는 수단밖에 되지 않겠지. 귀중한 2년을 한국에서 기다리며 허송세월 하는 것보다 차라리 2년 동안 다른 대학에 가서 석사학위라도 받는 것이 더 합리적일 수 있겠다고 생각했다.

　　MIT에 원자력공학과가 자리를 잡으려면 앞으로 몇 년은 더 기다려야 할 것 같아 노스캐롤라이나에서 온 입학허가서를 기쁘게 받아들였다.
　　이리하여 맥전은 전공을 원자력공학으로 바꾸기로 결심하고, 오래지 않아 이를 지도교수에게 말씀드리겠다고 마음먹었다. 처음 미국으로 건너 올 때 가졌던 계획을 일단 멈춘 것이다.

　　그 무렵 베네딕트 교수 밑에서 박사 연구직을 시작하려던 비게로라는 학생을 만나 그의 실험 장치를 같이 설치하는데 합류하기로 했다. 병원에 입원하고 있었던 베네딕트 교수가 완쾌되어 퇴원을 한 후 MIT에 들렀는데 그때 그를 만나 셋이서 같이 점심을 하며 이야기를 나누었다. 베네딕트 교수는 혼자서 원자력공학을 시작하느라고 무척 애쓰고 있었고 FSSP를 통하여 맥전이 자신을 도와주고 있는 것에 대해 대단히 기쁘게 생각해 주었다.

사실 3~4개월 동안 자기가 제안한 연구실험을 끝내는 사람이 과연 몇이나 있을까? FSSP는 결국 2~3개월 동안 MIT가 어떤 대학이라는 것을 외국인들에게 알리려는 홍보성 짙은 프로젝트라는 것을 알게 되었다.

북동지방의 공업도시 시찰

어느덧 MIT에서 지내던 생활이 3개월이 지나 9월 초로 접어들었다. FSSP 참가자 중 희망자들은 버스로 미국 북동지방에 있는 공업도시를 시찰하였다. 참가자들은 모두 스무 명 정도였는데, 이외에도 버팔로 시에 있는 카티스라이트 항공연구소칼스팡에 온 동경대학 항공공학과의 가시모토 교수가 함께 있었다. 그때부터 맥전은 그와 친분이 생겨 여러 가지 얘기를 하며 즐겁게 지냈다. 그는 인간미가 넘치는 부드러운 성품의 소유자였고, 맥전과도 마음이 잘 맞았다. 전형적인 일본인들과는 좀 달랐다.

가시모토 교수는 일본 항공공학 분야에 상당히 자신이 있는 것 같았다. 태평양전쟁 중 일본 해군의 제로-전투기는 1939~1942년까지는 무적이었는데 미국이 만든 전투기가 공냉공기냉각, Air Cooled에서 액냉액체냉각, Liquid Cooled이 되자 제로-전투기의 우월성은 상실되었다. 그래서 일본은 '아침이슬'

이라는 이름의 비행기 시험비행에서 액냉 전투기를 만들었는데 그때는 이미 전쟁이 거의 끝나가고 있었다. 그런데 이런 투박한 것을 미국에 가지고 와 옥탄가가 높은 항공연료를 사용해 세 번 시험한 결과 세계에서 가장 빠른 전투기로 기록 됐다고 한다.

맥전은 가시모토 교수에게 MIT 조선학과 박물관에 진열되어 있는 거북선을 보았는지를 물었다. 그 박물관이 설명하듯 거북선은 5백 년 전에 일본의 도요토미 히데요시가 조선을 침공할 당시 조선에서 만들어진 것인데, 세계 최초로 철피로 무장한 군함이었다. 선내에 있는 16문의 대포에는 사각이 없었고 일본 함에 충돌하자마자 포문을 열고 침몰시킨다는 그야말로 천하무적의 배였다.

우리가 증오해야 할 전쟁 때 비약적인 기술의 발전이 있다는 것은 유감스런 일이지만 거북선도 일본의 급습에 대비해 만들어진 우수한 배였다. 처음 일본이 침입했을 때 당파 싸움 때문에 투옥됐던 이순신 장군이 결국은 감옥에서 출옥될 것을 예상하고 거북선을 설계했던 것이다.

MIT 박물관의 해석에도 있듯이 거북선은 미국의 남북전쟁 때 건조된 미국의 철피선 모니타 보다 2백여 년 전에 만들어진 배다. 이 설계와 이순신 장군의 뛰어난 해군작전 때문에 결국 일본군은 패배하고 전쟁은 끝이 났다. 마지막 전투에서 이 장군은 거북선의 삼각 갑판에서 적의 화살에 맞아 최후를 맞았다. 그러나 이는 전투가 끝날 때까지 공표되지 않았다. 해군제독 이순신 장군은 배를 만드는 특별한 기술을 겸비했던 기술자이기도 했다.

거북선에 대한 여러 가지 이야기는 가시모토 교수도 잘 알고 있었다. 시찰에 동행했던 가시모토 교수는 "동경에 꼭 들러주세요. 동경에서 꼭 안내하고 싶은 곳이 있으니까" 하고 말한 뒤 버팔로 시의 카티스라이트 항공연구소 앞에서 차를 내렸다.

FSSP 참가자들은 여러 나라에서 온 사람들로 9년 전에 치렀던 2차대전의 상처 앙금이 아직도 남아 있는 듯했다. 버스가 철의 도시 피츠버그 주위에서 1시간쯤 멈추고 있을 때 맥전은 피츠버그의 시가지를 쳐다보면서 '독일의 한 도시를 보고 있는 것 같구나' 라고 혼잣말을 했다. 이 말을 듣고 있던 친구가 반문했다.

"자네는 독일에 가 본 일도 없을텐데 어떻게 알아?"

맥전은 대답했다.

"자네의 머릿속에 있는 두뇌로 상상할 수 없을거야?"

그 대답에 토끼눈을 한 그의 놀란 표정을 맥전은 잊혀지지 않는다. 물론 그는 독일에 인접한 나라에서 온 친구였다. 그 친구^{훠사로}는 전쟁 중에 나치한테 잔인하게 유린당한 기억으로 독일에 대해 아직도 적개심이 남아 있어서 그랬는지….

어쨌든 전쟁은 피해야 된다고 맥전은 생각했다.

두 주일에 걸린 북동지방의 공업도시 시찰을 끝내고 일행은 버스로 돌아왔다. 맥전은 다시 여장을 꾸려 노스캐롤라이나의 라레이 시로 갈 준비를 끝냈다. 로강 공항으로 가는 날은 도전을 축복하려는 듯 맑고 깨끗한 기후였다. FSSP 참가자들은 모두 자기의 고국으로 돌아갔다. 단지 맥전만이 미국에 남아 자기 길을 묵묵히 가게 된 것이다.

핵공학 교수로서의 첫 출발

보스턴에서 라레이 듀람으로 가는 세 시간 동안 비행은 아주 인상적이었다. 이스턴 항공사의 여객기에는 승객이 한 사람밖에 없었다. 그 한 사람은 바로 맥전이었다. 하늘은 아주 맑게 개어 있었고 구름 한 점 보이지 않는 새파란 하늘이었다. 어릴 적 한국에서 본 짙은 파란색 하늘, 그 깊은 청색에 뛰어들어가고 싶은 충동을 느낀 그런 하늘색이었다. 승무원 두 사람이 맥전의 좌석에 교대로 와서 이것저것 도와 주었다. 노스캐롤라이나의 '따뜻한 남부의 정'이라고 맥전은 생각했다.

라레이 듀람 공항에 내려 짐을 찾고 맥전이 주차장을 건너가고 있을 때 젊고 단정한 여성이 앞에 서 있었다. 맥전과 눈이 마주치자 미소를 띠고 한쪽 손을 올리면서 무엇인가 인사를 했다. 맥전은 놀라서 자기 뒤에 누군가 다른 사람이 있는지 찾아 보았지만 아무도 없었다. 그는 서둘러 그 여자에게 인사를 했다. 그 여자의 청순하고도 쾌활한 모습이 인상에 남았다. 공항에서 라레이 시로 향하는 한 사람의 동양인에게 아무 거리낌없이 인사를 건넨 노스캐롤라이나 출신의 순진무구하고 꾸밈없는 만남은 먼 나라에서 온 이방인을 감동시키기에 충분했다. 이렇게 시작된 미국 생활, 그뒤 2년 반에 걸친 악전고투의 생활속에서도 따뜻한 남부의 정은 맥전에게 평생 동안 잊지 못할 깊은 감동을 주었다.

공항에서 라레이 시까지는 버스로 30~40분 걸렸을까? 시의 중심에서 그리 멀지 않은 노스캐롤라이나 주립대학의 캠퍼스에 도착한 것은 오후 서너 시였다. 대학 앞에 있는 조그만 호텔에 짐을 풀고 가까이에 있는 레스토랑에서 저녁을 먹은 후 대학 캠퍼스를 둘러보았다. 시골에 있는 대학답게 빨간 벽돌 건물들이 많았으나 캠퍼스는 정연하고 깨끗해 대학다운 위엄이 있었다.

맨 가운데쯤에 빨링톤 실험실 건물이 보였다. 원자로가 있는 건물인데, 그 가장자리로 전기공학, 화학공학, 물리학, 화학과들이 같이 있었다. 두 달 반 쯤 전부터 이곳 라레이 시와 노스캐롤라이나에 대해서 책을 통해 익히 알고 있었지만, 노스캐롤라이나는 이곳 남부에서도 지적·문화가 앞선 곳이고 수도 워싱턴 DC와도 가깝기 때문에 전형적인 미국의 풍경을 느낄 수 있는 곳이다. 그래서 캠퍼스를 걸어다니는 동안 이곳이 또 하나의 모교가 된다고 생각하니 친밀감이 더 생기는 듯 했다.

다음날엔 전날 보아 두었던 빨링톤 건물에 들어갔다. 건물의 좌우에는 사무실들이 있었는데 그 중 원자력공학이라고 써 있는 사무실에 들어가 보았다. 사람들이 들어오는 소리에 깜짝 놀란 비서 한 명이 맥전을 보고 기다리고 있었다는 듯이 크게 외쳤다.

"맥전 씨 아니세요?"

"그런데 나를 어떻게 아셨죠?" 맥전은 놀라서 물었다.

"우리들은 맥전이 오는 것을 기다리고 있었단 말이에요. 동양신사의 얼굴이니 곧 알아볼 수 있었지요."

그녀는 웃음띤 얼굴로 대답했다.

그녀의 목소리를 들었는지 안쪽 사무실에서 남자 한 분이 나타났다. 그는 건장한 체격이었는데, 이 학과를 이끌고 있는 클리포드 베크 교수였다.

"맥전 씨죠? 노스캐롤라이나에 온 것을 환영합니다."

그리고 맥전을 자기의 사무실로 안내했다. 따뜻한 남부의 정서가 또 한 번 느껴졌다.

"바로 강의조교로 시작하는 것보다 연구조교로 자리를 드리고, 적당한 시간이 되면 강의조교 자리를 드리겠습니다."

그 또한 맥전의 영어능력을 시험해 보고자 하는 것 같았다.

베크 교수와 얘기하고 있는 동안에 『핵공학 개론』 저자인 레이몬드 머리 교수가 잠깐 얼굴을 내밀었다. 키가 크고 얼굴이 길쭉한 사람이었다. 베크 교수와 머리 교수가 얘기하는 것을 들으니 이 원자력공학과는 두 사람이 주도하고 있는 것 같았다.

맥전은 이것으로 첫 방문 일정을 모두 끝내고 동창회 회관에 있는 2층 방을 배정받았다. 맥전이 완전히 이사를 끝낸 것은 그날 밤이었다.

가슴이 따뜻한 노스캐롤라이나 주립대학 교수진들

이곳 주립대학의 교수진은 두 부류로 나눌 수 있다. 하나는 오크리지 국립 연구소에서 온 베크 박사, 머리 박사, 월터 박사, 미니야스 박사 네 분이고, 또 그밖에 노스캐롤라이나 주립대학 물리과에 있었던 언더우드라는 분 외에 두서너 사람이 더 있었다.

베크 박사는 원자력공학과 운영에 주로 정신을 쏟고 있어서 과목은 가르치지 않았다.

역시 원자력공학과의 중심은 레이몬드 머리 교수에게 있는 것 같았다. 머리 교수는 유명한 오펜하이머 박사와 한때 같이 일했던 사람이었고 세련된 교육자였다. 그의 저서인 『핵공학 개론』은 그가 가르치는 내용과 많이 달랐다. 따라서 새로운 재료가 사용되면 다시 새로운 교재를 만들어 사용하는 듯했다.

그는 줄담배를 피우는 데, 강의가 시작되자마자 학생들에게서 시거를 받아 불을 붙이고 담배는 왼손에, 분필은 오른손에 잡고 아주 유유한 자세로 학생들과 같이 생각하면서 강의를 이끌어갔다. 그 수업이야말로 천하일품이라 하겠다. 머리 교수의 이런 모습이 맥전의 교수생활에 영향을 많이 받았다.

물론 그때는 교실 안에 금연이라는 규칙이 없었다. 머리 박사의 강의와 더불어 그의 동료인 미니어스 박사의 강의 또한 인상 깊었다. 그는 『양자역학』을 전공했는데 처음부터 마지막까지 수식의 연속이었다. 강의가 풍부하고 거기에 좇아가는 원자력물리학의 실험은 월터 교수의 분야였는데 강의가 아주 재미있고 상세하여 머리 박사 강의와 더불어 이것 또한 '원자력공학'과 '중핵'을 이루는 과목이었다.

실험은 원자로가 있는 빨링톤 실험동에 있는 실험실에서 진행되었다. 이들 '원자력공학'에 관련된 과목 이외에 수학에는 파크 박사가 있었는데, 그는 아주 정확한 분이었다. 그의 강의 「고등수학」 *Advanced Math* 과목을 듣고 있으면 맥전의 영어듣기 실력은 아무 문제가 되지 않았다. 그래서 상기 과목에서 맥전이 A^+를 받은 것은 기적이라고 할 수도 없다. 이곳 노스캐롤라이나 주립대학의 화학공학과는 교수가 서너 명 있어서 미국에서도 유명한 과였는데, 그중에서도 베티 교수는 궁극적으로 맥전의 석사논문 실험의 지도교수가 된 분이다.

일반 정규 학생은 12학점에서 15학점까지 들을 수 있었지만, 연구조교와 강의조교는 업무 때문에 최고 세 과목 9학점밖에 들을 수 없었다.

맥전이 처음 들은 세 과목 가운데 가장 어려운 것은 언더우드 교수의 「전자기학」이었다. 언더우드 교수는 대학의 물리학과 잔존세력으로 배가 나오고 몸이 뚱뚱한, 교수들 가운데에서도 가장 게을렀다. 어찌나 게을렀던지 한 시간 강의가 끝나고 그가 칠판에 쓴 단어는 서너 개밖에 되지 않았고, 「전자기학」을 말로만 떠벌릴 뿐이었다. 이 분야의 「물리학」은 세세한 기술이 필요한 학문인데, 별다른 도움이 되지 못했다. 맥전이택한 대학 「물리학」 중 유일한 학부 4학년 과목이었는데 그의 말이 만담 같아서 뭐라고 노트를 할 수도 없었다. 급우의 두세 명은 녹음기를 가지고 와서 그의 말을 녹음하고 있었으나 맥전은 그런 생각도 못하고 대신에 4백 페이지 가까운 교과서 중 중요한 부분을 암기하기로 했다.

급우들이 녹음한 것을 빌릴 수는 있었지만 그러기에는 맥전의 자존심이 너무 강했다. 텐서와 벡터기호로 빛을 낼 「전자기학」을 기대하고 있었던 그에게 실망이 컸다. 그러나 전에 말했듯이 그 이외의 교수들은 모두 우수했다.

맥전은 미국인 급우들처럼 녹음기를 사지 않았지만 부족한 영어듣기를 향상시키기 위하여 값싸고 조그만 라디오를 샀다. 그 돈은 물론 연구조교로 매달 받는 급여에서 지불했다. 라디오는 책상 구석과 침대 벽 사이에 놓았다. 라디오를 들으면서 잠들고 새벽에 눈을 뜨면 라디오가 아직도 혼자 말하고 있는 때가 많았다. 낮에 쌓인 피로 때문에 라디오 소리를 들으면서도 아침까지 잠에 취할 수 있었다는 얘기다.

이곳 사람들의 말투에는 남부지방의 사투리가 섞여 있었다. 대학 건물 난간에 기대어 삼삼오오 모여서 대화를 하고 있을 때 처음엔 그곳을 지나면서 무슨 말을 하고 있는지 들어 보려 했지만 약 10퍼센트밖에 알아들을 수가 없었다. 그러나 한 1년쯤 지나니 무슨 이야기를 하는지 90퍼센트는 들을 수 있었다. 아무리 영어가 능숙하다 할지라도 미국사람들과 실제로 교제하려면 시간이 걸린다는 얘기다.

노스캐롤라이나는 앞에서도 말했지만 남부 주 중에서도 가장 문화수

준이 높은 주라고 말할 수 있다. 수도 워싱턴 DC와 버지니아 주를 가운데 끼고 있어 주민의 교양도와 남부의 따뜻한 인정이 적당히 혼합된 곳이다. 아시아에서 온 학생들에게 아메리카 전체를 이해하는데 있어 좋은 훈련원이라고도 생각할 수 있다. 그곳에서 최초로 그곳 출신인 인재들과 과장인 베크 교수를 중심으로 '원자력공학'이 시작된 것이다.

내 기억엔 언더우드 교수를 제외하고는 모두 극히 양심적인 교육자들이었다. 당시에도 따뜻한 가슴을 지녔던 분들이었지만 되돌아 생각해보면 존경의 마음이 절로 우러나왔다.

왕따당하고 있던 브라운 박사

맥전은 연구조교로서 원자로 운영직을 두 학기 동안 했다. 머리 교수가 가르치는 「핵공학개론」과 그가 쓴 책을 읽음으로써 라레이 리서치 리엑터R.R.R.: Raleigh Research Reactor 내용을 이해할 수 있었다. 그곳에 있던 원자로는 거의 워터보일러형의 원자로이므로 연구용 원자로인데 스위밍 풀Swimming Pool형과 같이 아주 기초적인 원자로였다.

세계 최초의 공개 원자로 운영을 배우기 위해 온 외국인들은 맥전 이외에도 세 사람이 더 있었다. 그 가운데 두 사람은 브라질의 원자력위원회에서 파견된 남녀 연구원이었고, 다른 한 사람은 독일의 원자력위원회에서 파견된 브라운 박사였다. 브라질에서 파견된 남녀는 두 사람이 늘 함께 다니고 같은 강의를 들어 친했다. 그에 반해서 브라운 박사는 혼자 있는 모습이 늘 쓸쓸해 보였다.

원래 독일에서 공부를 하고 싶어 했던 맥전이었기에 브라운 박사와 곧 친하게 되었다. 그리고는 두 사람이 함께 원자로 안에서 일하는 시간이 점점 많아졌다. 브라운 박사는 원자력공학과에 있는 미국 친구들 사이에서 묘한 소문에 휘말린 적이 있었다. 가끔 미국 친구들은 브라운 박사를 유심히 지켜보곤 했었다. 혹자는 브라운 박사가 독일에서 온 원자력 스파이라고 말하는 사람도 있었다. 브라운 박사도 그 같은 사실을 익히 알고 있었다.

미국 학생들이 독일인이라면 질색했기 때문에 이런 불쾌한 일이 있었는데도 맥전은 전혀 개의치 않았다. 오히려 맥전은 학생들의 비판이 불공정하다고 생각했다.

첫째로 전쟁이 끝난 것이 벌써 9년 전이고, 둘째로는 이 학교 교수들의 허락을 받아 연구소에 온 사람들이 많은 가운데 이미 공개된 기술에 관련된 정보에 기초해서 강의한 것을 얻는 것이 기밀 탐색이라면 그것은 오히려 학과 교수들의 책임이 아니겠는가?

미국과 소련이 핵병기의 비밀을 알고 있는 지금에 와서 독일과 같은 비교적 작은 제3의 나라가 핵무기를 가지고 있다고 해서 무슨 이득이 있겠는가?

지금 독일은 세계 2차대전의 오명을 씻는 것이 선결 과제인 나라가 아니겠는가? 과^에 내의 브라운 박사에 대한 의혹에도 불구하고 맥전과 브라운 박사의 우정은 점점 깊어 갔다.

'브라운 박사는 독일에 돌아가서 크라프트베르크 유니온^{KWU. 카베우}에서 일하게 되었고 나중에 KWU의 수석 부사장까지 되었다가 최근에 은

퇴했다. 라레이에서 만났을 땐 불안한 환경때문이었는지 아주 말랐었는데 그후 체중이 제법 늘어 아주 듬직한 체격이되었다' 라고 지인들이 그의 근황에 대해 알려주었다.

맥전은 처음에는 원자로 통제실의 조수로 일했으나 시간이 지남에 따라 통제실 내외의 사정을 알게 되어 그후 원자로의 시작과 종료도 맡게 되었다.

이 일을 처음 맡았을 때는 통제실에 있는 수십 개의 계기가 수수께끼처럼 생각되었으나 2학기가 되면서 계기의 의미도 알게 되었고 그 뒤 8개월은 무척이나 유익한 시기였다.

맥전은 매일 힘껏 일하고 과 내에서 새로 사귄 친구들과도 친해져 미국의 캠퍼스 생활에 익숙해져 갔다.

연구실의 방사선 제거
아르바이트

맥전은 라레이 시에 오고 나서 두 학기 동안 다섯 과목을 들었다. 평균해서 B^+ 정도가 됐겠지. 그리고 여름방학이 되었다. 여름학기였지만 풀타임 코스를 택했다. 두 달 동안 매일같이 강의가 있는 아주 밀도가 높은 학기였다. 세 번째 학기이지만 맥전은 세 과목을 택했다. 성적은 세 과목 모두가 A^+였다. 가장 성공적인 학기였다.

여름학기가 끝날 때 지도교수들은 "군은 아주 진보했어, 잘 했네"하고 등을 톡톡 두드리며 용기를 북돋아 주었다. 맥전은 이것으로 일종의 자격시험 기초를 다졌다고 생각했다. 그래서 가을 새 학기부터는 연구

조교에서 강사조교가 되었다.

그러나 문제는 여름 3개월 동안 조교들은 월급을 받을 수 없다는 것이었다. 각자 자신이 저축해 놓은 돈으로 생활하고 공부하거나 부모님이 보내주시는 돈으로 공부해야 하는 것이 현실이었다. 학과에서는 맥전의 사정을 알고 있어서 어떻게 해서든지 도와주려고 했다. 마침 계기가 마련되었다. 5~6년전 즈음에 언더우드 교수가 방사성 원소를 가지고 실험을 하였는데, 그때 그가 실수로 코발트60 용액을 떨어뜨리는 일이 있었다. 그 때문에 실험실은 폐쇄되어 5~6년 동안 쓰지 않고 방치되고 있었다.

그러나 새 학기부터는 그 실험실이 필요하여 방사선을 완전히 제거하는 작업이 필요했다. 그 작업을 하는데 2백 불 정도의 돈이 나오는 데 해보지 않겠느냐고 학과사무실로부터 연락이 왔다. 맥전은 그것을 지원해 실험실 맵핑을 시작했다. 맵핑한 결과 방사선 오염이 아주 넓게 퍼져 있었다. 방사성의 동위원소를 취급할 때는 콘크리트 바닥 위에 그때 말로 리노륨을 깔고 했어야 하는데, 그러지 않고 실험을 했던 것이다. 콘크리트를 1인치만 파도 방사선이 그대로 검출될 정도로 방사성 동위원소의 오염이 심각했다.

이런 상태에서는 산소 실린더에서 입을 통하여 폐에 산소를 보내고 숨을 방출하는 단일 방향 마스크가 절대 필요했다. 대학에서는 그것을 사용할 시간이 없었던 것이다. 그래서 맥전은 기계공작실에서 일하고 있는 기계공작원이 사용하는 일반적인 먼지를 막아주는 간단한 거즈 마스크를 착용하고 일을 했다. 당시 1955년 여름엔 미국 원자력위원회의 방사성 원소에 대한 규칙은 찾아보기 어려웠다. 그래서 그후 맥전은 기형아가 생기지 않을까 내심 걱정했으나 다행히도 건강한 아이들이 태어난 것은 감사한 일이었다.

그때 학과에서는 이런 작업을 맥전 같은 대학원생이 오랫동안 해서는 안 된다는 결론이 났는지 한 달 뒤엔 기계공작원 한 사람에게만 일을 시켰다. 그래서 맥전은 여름방학에 2백 불을 받고, 그 돈으로 여름 두 달 반을 지내면서 가을학기를 기다릴 수밖에 없었다. 경제적으로 힘들었으나 A$^+$를 셋이나 받았다는 것에 용기를 얻어 나머지 일주일 반의 시간을 아주 행복하게 보냈다.

여름학기 때 소중한 친구를 만났다. 그는 나이가 55세에서 60세쯤 된 레이몬드라는 사람이었는데 미국의 코스트가드 아카데미^{사관학교} 출신으로서 이미 학사학위를 받았고 대학원에서는 '프로페셔널' 학위과정을 선택하여 들어왔다. 이 과정은 엄격히 말하면 석사과정은 아니고 수업만 듣는 것이었지만 그는 여름방학에 맥전과 같이 세 과목을 선택했다. 그의 성적은 B B B 셋 다 B였고 겨우 합격할 정도였으나, 거기에 만족하고 나머지 두 주일은 노스캐롤라이나 북동부인 그의 아내가 있는 도시에 가자고 맥전에게 제안했다.

그가 라레이 시에서 공부하고 있을 때 그의 아내는 처갓집에 있었다. 그래서 처갓집에 가서 그는 말하기를 "모두 다 B를 받았어요"하고 자랑스럽게 말했다. 55세 된 노학생이 그만큼 공부하였다는 자체가 자랑스러웠겠지. 레이몬드 씨는 또 "이 학생은 한국에서 왔는데 트리플 A$^+$를 받은 정말 우수한 학생이야"라고 맥전을 소개했다.

맥전은 노스캐롤라이나 사람들한테 뜨거운 환영을 받았다. 그리고 나머지 이틀은 라이트 형제가 비행기를 처음으로 날렸다는 대서양 해변에 가서 라이트 형제의 기념비를 방문하고 버지니아 주와 접경선인 노스캐롤라이나를 구경했다. 레이몬드 씨가 코스트가드 사관학교를 오래 전에 졸업했으나 또 공부하고 싶다는 욕심을 갖고 코스트가드를 퇴역하고 노스캐롤라이나 주립대학에 왔다는 것이 미국인들의 향학열이 다른 나라 못지 않다는 것을 증명하는 것이 아니겠는가? 그의 부인은 교사였다. 그래서 그가 공부하는 동안 경제적으로 내조를 하느라 함께 지내지 못하고 있는 것이 아닌가? 55세의 나이에 대학에 가서 석사학위는 못 받아도 프로페셔널 학위를 받았다는 것은 아주 대단하고 인상적인 일이었다.

4~5일 동안 여행을 끝내고 라레이 시로 돌아오니 골드기숙사에 있는 맥전의 룸메이트로 버논 홀트라는 학생이 와 있었다. 버논은 이제까지 사건 얼 페이지 못지 않는 수재였다. 그의 전공은 기계공학이었는데, 미국 제일 북쪽의 노스다고타에서 한 젊은 여성을 만나 그녀를 쫓아서 이 지역으로 왔고 결국 그녀가 살고 있는 노스캐롤라이나에서 공부하게 된 것이다. 결혼하려고 여성을 쫓아 라레이까지 온 버논의 집념을 존경하지 않을 수 없었다.

그는 하더슨이라는 자동차를 가지고 있었는데, 지금은 그 차종이 없어졌지만 그 때는 몸체가 커서 기분 좋은 차였다. 그는 자동차가 없는 맥전을 차에 태워 가을학기가 시작될 때까지 미국 전역을 구경시켜 주었다. 버논은 나중에 퍼듀대학에서 박사학위 공부를 했고 미국에서 수재가 많이 모인다는 벨 텔레폰 연구소에서 연구원으로 활약했다. 퍼듀대학은 인디애나 주에 있으며 공학이 유명한 대학이다.

그는 결국 다고타에서 만난 여성과 결혼했고 그녀의 집에 들락거리는 일이 잦았다. 그러나 학교 공부만은 열심히 해서 모든 과목에서 A를 받았다. 전형적인 모범학생이라는 인상을 주는, 이마가 나오고 머리가 큰 짱구였다. 역시 머리가 좋은 사람은 머리 형태도 큰 모양이지?

얼 페이지, 존, 버논 홀트 세 사람 모두가 아주 우수한 친구들이었다. 나머지 1년 반 동안 힘껏 공부할 수 있었던 것은 골드기숙사에서 만난 이들 친구들 때문이었다.

노스캐롤라이나 주립대학에는 맥전과 같이 입학한 서울대 공과대학을 나온 박종철 군이 있었다. 그는 처와 같이 유학을 왔는데 처를 한국에 남겨 놓은 채 혼자 공부하고 있는 맥전과 좋은 대조가 되었다.

박종철 이외에도 김유성이라는 학생도 있었다. 맥전보다도 어렸고 당시 석사과정을 밟고 있었는데, 그 유명한 요업과로 박사학위를 받고 결국 버논 홀트가 일하고 있는 뉴저지의 벨 텔레폰 연구소의 분소에서 일하게 되었다.

힘들고 비참한 기분이 들 때도 많았던 대학원 생활 가운데 학업에 열심이며 뛰어난 재능을 가진 친구들과 함께 어울렸다는 것을 맥전은 언제나 기쁘고 흐뭇하게 생각한다.

**잘못된 단어 해석이
가져온 해프닝**

오후 7시 저녁을 먹고 맥전은 곧 자기 사무실로 갔다. 사무실은 그와 또 다른 조교 한 사람이 함께 쓰고 있었다. 맥전은 옆 사무실에 있는 얼 페이지와 같이 위층에 있는 2학년 학생 물리실험실로 갔다. 물리실험실은 대학 내 단과계통 학생들이 사용하는 일반적인 물리실험실을 말한다. 한 학기 동안에 끝내지 않으면 안 되는 실험은 15가지, 즉 1년에 학생들은 30개의 실험을 하기로 되어 있었다. 맥전은 3개의 수업을 보조하고 있었기 때문에 120명의 학생을 맡고 있었다.

2학년에 올라오는 학생들의 학력수준은 그리 높지 않았다. 대학 2학년 정도의 미국학생들 실력은 비교적 한국 대학의 1학년 수준 정도 될 것이다. 그러나 1년 뒤 2학년이 끝날 즈음이 되면 기초 이론과 실험에 의하여 일반적인 공학 기술의 기초 지식이 몸에 붙게 되어 한국의 2학년 학생들 전체 실력보다도 높다.

고학년이 끝나고 졸업반이 될 때는 전공과목에 전념하여 미국학생들의 실력은 상대적으로 상당히 높다. 이 실험실에 오는 학생들은 화학공학, 기계공학, 전기공학, 요업공학, 토목공학, 건축공학 등을 전공하는 공학도들인데 미국 학생들이 2학년 2학기 동안 실력이 급속하게 높아지는 것을 엿볼 수 있었다.

이미 준비되어 있는 실험 강의노트를 읽고 그 실험에 필요한 기구를 실험실 옆에 있는 방에서 40개씩 옮겨와 책상에 놓고 실험준비를 하는 것은 한국과 똑같다. 얼 페이지와 맥전은 강의노트에서도 말해 주듯이 실험연습을 미리 해본다.

준비가 끝나 실험연습을 시작할 때 쯤이면 실험이 3시간 정도 걸리니 밤 10시가 될 수도 있고, 새벽 1시 아니면 2시가 될 수도 있다. 저녁 7시 부터가 아니고 9시경부터 준비를 시작하게 되면 새벽 4시나 5시에 예습 이 끝나는 날도 종종 있었다. 그래서 매주 하나의 새로운 실험을 하기 전 엔 밤을 꼬박 새는 날이 많았다. 새벽 5시경 24시간 열려 있는 화이트 타 워에 가서 아침식사를 하는 동안 아침이 된다. 9시가 되면 먼저 들어오 는 학생들부터 앞자리를 채운다. 그리고 정오까지 3시간 동안 실험을 한 다. 맥전은 서울대학에서 1년 반 동안 가르쳤기 때문에 강의하는 데에는 어려움을 느끼지 못했다. 그리고 그 몇 시간 전에 미리 예습을 해 본 상 태라 학생들을 가르치는데는 문제 없었다. 한국에서 대학에 다닐 때는 전쟁 때문에 이러한 실험을 상세히 할 수 없었다. 맥전은 절호의 복습 기 회라고 생각했다.

그러던 어느 날 지옥에서 돌아왔다 'Came back from Hell' 이라고 등 에 글씨가 박힌 점퍼를 입은 한 학생이 실험실에 들어왔다. 한국전쟁에 참전한 남자였는데 미국정부에서 장학금을 받고 여기에서 공부하고 있 었다. 그는 2백 파운드가 넘는 거구의 사나이로 교실 맨 뒤 책상에서 실 험을 하고 있었다. 그는 "헬로우, 미스터 맥전!"이라고 큰 소리로 인사를 건넸다. 그런 다음 "이는 이해가 되지 않는 비즈니스입니다. 설명해 주 십시오"라고 말했다. 그런데 매일 신경 쓰지 않고 사용하던 '비즈니스' 라는 말이 맥전을 자극했다.

"이곳은 대학이야. 지금하고 있는 것은 학생들을 위한 실험이지 비즈 니스는 아니다"라고 큰 소리로 말했더니 학생들이 놀라서 맥전의 얼굴 을 쳐다보았다. 맥전은 계속해서 말했다. "신성한 실험을 뭔가 비즈니스라고 생각하고 있다면 여기에선 필요 없어. 나가!"라고 소리쳤다.

그 학생은 조금 있다가 일어나더니 걸어서 맥전 옆을 지나 교실에서 나가 버렸다. 그가 맥전 옆을 지나치는 순간 한국 태권도 자세가 떠올랐다. 2백 파운드가 되는 남자 그리고 한국에서 전쟁을 치르고 돌아온 남자, 한국에 대하여 어지간히 반감을 가지고 있겠지. 이 남자가 언제 어떻게 맥전에게 덤빌지도 모른다는 생각이 스쳐지나갔다. 그런데 그 남자는 그대로 아무 일도 없다는 듯 나가 버렸다.

그후 교실은 정적에 휩싸였다. 이런 싸늘한 분위기를 맥전은 모른 척하고 계속해서 설명하고, 잘 설명이 안 되는 부분은 'like this, like this'라고 말하면서 실험을 계속해 나갔다.

나중에 얼 페이지에게 그 얘기를 했더니 그는 박장대소하며 웃어대더니 "미국에서는 비즈니스라는 말이 그렇게만 쓰이는 게 아니야. 자네는 비즈니스라는 말을 오해하고 있어"라고 말했다. 그때까지 맥전은 비즈니스맨이라면 실력은 없으면서 입만 까불까불하고 생산자와 소비자 중간에 서서 판매자 노릇을 하면서 중간 이익만 취하는 사람이라는 편견을 갖고 있었던 것이다.

맥전은 자기가 좁은 의미에서 이 말을 알고 있었다는 것을 알게 되어 그 학생에게 두고두고 미안한 생각이 들었다. 그런데 며칠 뒤 맥전이 대학 앞에 있는 조그마한 식당에서 얼 페이지와 점심을 먹고 있는데, 교실에서 나가버렸던 그 학생이 친구들과 같이 들어왔다. 그는 맥전을 보자마자 "Hi, Serge" 하고 웃음띤 얼굴로 말했다. 맥전은 무슨 일인가 하고 얼 페이지를 바라보았다. "Serge"라는 말은 미국 군대에서 하사관에 대한 병사들의 경의를 담은 호칭이라고 설명해 주며 웃음을 지었다.

이 학생은 악의가 없었던 것인가. 비즈니스라는 말을 사용해서 쫓겨난 학생이지만 맥전에 대한 경의는 있었던 것인가? 맥전은 다른 학생을 시켜서 그가 자기 사무실로 오기를 부탁했지만 끝내 그는 나타나지 않았다. 그때의 일로 말미암아 1학기 혹은 1년 안에 해야 할 물리실험이 늦어진게 아닌가? 맥전은 가끔 그 학생을 생각하면 지금도 미안함이 앞선다.

또 이런 일도 있었다. 한 학기에 필수로 해야 하는 15가지 실험 가운데 둘 이상 실험에 나오지 않고 보고서도 내지 않은 학생에게 맥전은 학기 말에 무조건 E를 주고 낙제를 시켰다. 그것은 맥전의 방침이었는데, 그러한 학생들이 한 반에 3명 정도 있었다.

어느 날 학생 성적을 대학 학무과에 제출했는데 이틀 뒤 한 학생이 에드워드 교수와 맥전의 연구실로 찾아왔다. 에드워드 교수는 "이 학생이 실험 세 가지가 빠졌다며 내 연구실을 찾아왔는데 어떻게 된 일입니까?" 하고 물었다.

맥전은 "저는 이틀 전에 성적을 학무과에 냈습니다. 이제 모든 게 늦었죠."라고 말하며 학생에게 물었다. "군은 실험을 12개밖에 안 했는데, 15개 중에 3개가 빠진 상태에서 합격점을 받을 수 있다고 기대하는가?" 그랬더니 그 학생은 "아니요, 저는 기대하지 않습니다. 낙제한다는 것은 당연하다고 생각합니다."

이 학생에 대한 동정심도 일었지만, "이 학생은 내년 아니면 후년에라도 1학기에 봐야 할 실험을 해야 합니다. 제 수업을 하는 학생들 중 이런 경우가 세 명이 있었고 모두 낙제점을 받았습니다"라고 에드워드 박사에게 말했다. 에드워드 박사는 "그래요"라고 말하며 학생을 데리고 나가 버렸다.

미국에서는 각 과목을 가르치는 교수를 학생들이 평가하는 관습이 1960년대에 생겨났는데 노스캐롤라이나 주립대학에서는 5년 전인 1955년에 이미 실시하고 있었다. 강의 조교가 10명 이상 있는 이 과에서는 에드워드 박사가 먼저 학생들의 평가를 보고 나서 조교들에게 평점을 갖다 주었다.

맥전에게도 평점을 보여주면서 그는 "약 열 명의 강의 조교 중에서 당신이 최고 점수를 받았어요"라고 말했다. 그 평가표에는 학생들이 비평한 글들이 써있었는데, 그 중에는 맥전은 좋은 선생이지만 그가 외국인이라는 것이 탐탁치 않다고 쓴, 외국사람을 비하하는 듯한 평도 있었다. 그런데 기타 평가에서 물리과의 '맥전 교수는 제일 정직하고 실력 있는 분이다'라는 글을 보고 맥전은 웃음을 터뜨렸다. 수업을 시작하기 전 모든 실험을 한 번씩 미리 해보는 예습을 해 놓았기 때문에 학생들 앞에서 척척 해대는 맥전이 그들의 눈에는 경이롭게 보였겠지. 맥전에게도 모든 실험이 처음이었다는 것을 모르고 말이다.

마침내 1955년 가을에서 1956년 봄까지 서른 개의 실험이 끝났다. 맥전은 그 기간에 석사논문도 써야 했기 때문에 2년 뒤에 요구되는 30단위

학점도 받고 2년 반이 끝난 후에는 46학점을 받는데 성공했다. 그리고 2년 반의 과정이 끝날 땐 노스캐롤라이나의 공부도 무사히 끝이 났다.

그런 가운데 맥전의 체중은 155파운드에서 135파운드로 줄어 있었다. 걸을 때마다 발밑에 뼈가 아플 정도였다.

맥전이 공학도가 되는 데 멘토가 되어 준 베티 박사

1955년부터 맥전은 공학석사 학위 논문을 쓰지 않을 수 없었다. 화학공학과의 베티 박사와 상담하여 '전해에 의해 생성된 버블의 불등 열전도에 대한 열효과'라는 문제를 석사학위 논문으로 쓰기로 결정하였다. 열전도는 원자력공학에서 대단히 중요한 항목이다. 전해기술은 맥전이 서울에 있을 때 전기화학을 했기 때문에 꽤 알고 있었던 기술이었다.

그는 곧바로 실험장치를 어떻게 해야 할지 계획을 세울 수 있었다. 2~3개월 동안 실험장치를 준비하고 나서 2학기 말에는 실험장치를 완성했다. 완성된 실험장치를 본 베티 박사는 놀랐다. 전에도 비슷한 제목으로 훨씬 작은 규모로 같은 과제를 믹선이라는 학생에게 준 적이 있었는데 그가 만든 실험장치는 유치했다고 했다. 맥전이 만든 이 장치는 아주 인상적인 것으로 그 뒤 대학 화학공학과를 방문하는 외국학자들은 반드시 이 장치를 구경하곤 하였다. 여러 가지 예비 실험을 하고 본격적으로 본 실험을 시작했다.

어떤 실험은 15~16시간이 걸리며 한 번 실험을 시작하면 반나절 동안 먹을 음식음식이라지만 빵에다 버터를 바른 정도을 물과 같이 놓고 실험을 계속하지 않으면 안 되었다. 강의 조교로서 하룻밤 새는 것은 예사였는데, 이와 더불어 논문에 쓸 실험까지 모두 합하면 일주일에 사나흘은 밤을 새곤 했다. 밤중에 화학공학과 3층에서 혼자 자료를 찾고 있을 때 컴컴한 복도에서 실험실 문으로 누군가가 오고 있는 것 같아 한두 번 놀란 것이 아니었다. 그때마다 복도에 나가 보았지만 아무도 없었다. 여름방학이 지나고 가을이 되니 자료가 정리되었다. 맥전의 연구과제는 석사논문이라고 하지만 다른 대학과 견주어 볼 때 박사논문에 상당할 것이다. 노스캐롤라이나 대학의 학사자격과 석·박사 학위에 요구되는 조건이 무척 많다.

맥전은 실험 결과가 좋게 나오자 6개월 후부터 논문을 쓰기 시작했다. 그리고 3년째 되는 1956년 1월까지 논문을 완성하기 위하여 다시 밤을 지새우는 일이 많아졌다. 그래서 맥전의 체중은 수 파운드가 줄어서 125파운드가 되었다. 155파운드에서 125파운드로 떨어진 것이다. 그 결과 1월에 있는 봄 졸업식에 맞추어 논문을 완성할 수 있었다. 석사 논문으로서는 드문 일이지만 구술심사까지 있었고 전공교수회에서 다섯 사람의 심사위원들 앞에서 논문을 변호했다. 이 논문은 나중에 미국화학기술자협회A.I.Ch.E에 낸 화학기술자 전공학회지의 특별호에 게재되었다. 석사논문으로는 처음일 것이다. 코네티컷 주에 있는 미국화학기술자협회 총회에서 1959년 논문 결과가 발표되기도 했다. 1956년의 동계 미국화학기술자협회 총회에서 돌아온 베티 교수는 맥전을 불렀다.

"당신을 내가 앤 아버에 있는 미시간대학에 추천했소. 거기에 있는 마틴이라는 교수에게 가서 그가 주관하고 있는 방사선 실험실에 가서 박사과정으로 들어가시오."

맥전은 놀랐다. 석사과정만 끝내고 한국에 돌아가려고 했던 것이다.

1월 졸업식에는 한국에 가 본 적이 있는 벡터 뮤홀랜드 박사가 맥전의 부친 대신으로 와 주었다. 그는 당시 라레이 시 주청의 학무과장을 맡고 있었다. 그리고 유니타리안, 유니버설리스트라고 하는 교회에 다니고 있었다.

맥전이 석사를 취득하고 2월부터 앤 아버로 간다는 소문을 듣고 원자력공학과의 레이몬드 머리 박사는 아주 안타까워했다. 그는 맥전이 석사를 끝내고 자기 밑에서 박사학위를 공부하도록 이끌려던 참이었다. 베티 박사에게 선수를 당한 것이다.

베티 박사는 노스캐롤라이나의 원자력공학과가 세계 최초의 것이지만 박사학위 과정은 역시 북쪽의 큰 대학에서 하는 것이 장래를 위해 좋을 것이라고 했다. 미시간으로 떠날 때 노스캐롤라이나의 친구들과 악수를 나눈 뒤 버스를 타고 미시간주의 앤 아버에 이틀 뒤에 도착했다. 그때부터 3년이 지난 1959년에 미국화학기술협회 총회에서 맥전의 석사논문이 발표되었는데, 미시간대학에서 박사논문이 끝날 무렵이었다.

베티 박사는 박사논문이 끝나자마자 로드아일랜드 주립대학에 맥전을 추천하여 맥전이 공학도로서 길을 가는데 중대한 역할을 할 수 있는 도움을 주었다.

최재유 문교부 장관의 앤 아버 방문

어느 날 한국의 문교부 장관이 앤 아버를 찾아왔다. 최재유 崔在裕 장관이었다. 그는 미국의 몇몇 도시를 시찰하던 중 앤 아버를 특별히 선정해 방문했다는 것이다. 대사관측은 특히 맥전을 만나고 싶어 한다고 했다.

맥전은 미시간대학교 학생회장으로서 그를 반갑게 맞이할 수 있었다. 그는 이곳에 오기 전 이미 맥전에 대해 알고 있었고, "1954년에 조국을 떠나 이곳에서 건강이 아주 좋지 않다고 들었는데 만나 보니 생각보다는 건강한 것 같은데…"라면서 맥전에게 비상한 관심을 표시했다.

"몇 년 전 군을 만난 최규남崔奎南 서울대학교 총장님으로부터 잘 듣고 있어요. 나라를 위해 그렇게 중요한 공부를 하고 있는 국보적인 청년을 재정적으로 도와주지 못한 것을 대단히 유감으로 생각해요. 그러나 차차 어떻게 해서라도 군과 같은 분을 국가에서 도와주려고 계획을 세우고 있으니 조금만 참아주시오"라고 말했다.

맥전은 최 장관의 관심에 감사를 드리고 "일부러 멀리까지 이렇게 오셨으니 우리 미시간 학생들과 만나서 좋은 말씀을 주시면 어떻겠습니까?"하고 물었다. 그러자 "그것은 좋은 일이지"하고 동의해 주셨고, 맥전은 다음날 정오에 미시간대학교 학생회관에서 최 장관과의 만남을 주선하기 위해 학생들에게 연락을 취했다.

다음날 정오, 학생회관에는 30여 명의 학생들이 모였다. 최 장관은 "이렇게 객지에서 고생하며 공부하고 있는 여러분에게 감사하고 격려의 말씀을 드립니다"라면서 여러가지 고국의 사정을 들려주고 의견을 교환했다.
그런데 전산과학의 박사과정을 공부하고 있는 한 학생이 "장관님께서 우리를 격려해주셔서 감사합니다만 여기에 있는 학생들 중에는 정부에서 경제적 원조를 받고 있는 학생들도 많습니다. 맥전 같은 분은 정부의 원조를 받고 있는 것이 아니겠어요?"하면서 불편한 기색이 역력했다.

맥전은 조용히 일어나 그 학생을 향해 말했다.
"나는 집이 가난해 집에서 학비를 받아본 일이 없고, 미국에서 석사과정과 지금 밟고 있는 박사과정을 모두 연구조교, 즉 한달에 150불도 안 되는 돈으로 연명해온 사람이오. 귀 군은 몰라도 이 자리에 있는 몇몇 분은 이러한 사실을 잘 알고 있을 것이오. 지난 등록 때도 돈이 모자라 우리 대학의 학생과정에서 돈을 빌렸습니다. 귀 군이 지금 말한 그 억측과 불평은 하지 마세요. 우리나라는 일제의 손에서 겨우 벗어났지만 한국전쟁이 곧 이어져 지금에야 겨우 회복하고 있는 중입니다"라고 말하고 그 학생의 말도 안 되는 불평을 일축했다.

그리고 다시 말했다.

"당신 같은 전산과학을 공부하는 사람은 미국의 자유기업에서 얼마든지 일할 수 있지만 내 직업은 어디까지나 국가산업체에서 일해야 될 것인데, 그럼에도 불구하고 나는 지금까지 정부에서 받은 돈은 한 푼도 없습니다"라고 말을 맺었다.

이래저래 이 회합은 불편한 분위기 속에서 끝났다. 그래서 맥전은 최 장관에게 예상치 못한 회합에 대해 사과했다. 그러나 최 장관은 태연하게 미소 지으며 그의 어깨에 손을 얹으며 포용했다. 그날 저녁 항공편으로 그는 앤 아버를 떠났다.

앤 아버에 있는 명문 미시간대학

미시간주 앤 아버에 있는 미시간대학은 아름다운 캠퍼스였다. 맥전은 대학 핵심부 캠퍼스를 돌고 휴런 강 옆에 있는 골프 코스를 돌아 북 캠퍼스로 갔다.

대학의 캠퍼스는 본교와 북 캠퍼스 두 개로 나뉘어 있었고 양쪽 모두 아름다웠다. 맥전은 한국에 있을 때 독일의 하이델베르크대학을 동경했는데 바로 미시간대학이 그 대학과 비슷한 캠퍼스가 아닌가 생각했다. 강과 계곡이 있고 자연의 풍경이 어우러진 가운데 세워진 장중한 느낌의 건물들이 많아 아마 그런 느낌을 갖게 됐겠지.

1817년에 처음 세워졌다 하니 거의 2백 년이 가까운 대학인데 건물 하나하나에 특징이 있었다. 캠퍼스를 둘러싸고 있는 앤 아버의 도시는 캠퍼스의 일부로 구성되어 있었다. 오래된 상점들이 여럿 있고, 대학에 관계하는 사람을 제외한 인구는 약 10만 명 정도 그리고 그 당시의 학생들과 교직원을 합하면 5천 명밖에 되지 않았다. 그로부터 40여 년이 지난 지금에는 약 5만 명을 수용하는 큰 대학이 되었지만 맥전이 다닐 무렵엔 그리 큰 대학이 아니었다.

학생회가 붙인 딱지광고에 실린 하숙집을 찾아가니 조그마한 체격의 할머니가 혼자 살고 있었다. 3층집이었는데 지붕 바로 아래 방을 얻어 하숙하면서 앤 아버의 생활이 시작되었다. 다음날 즉시 화학공학과를 찾아가 마틴 교수를 만났다. 영국계였는데 맥전을 반갑게 환영하며, 베티 박사에게 얘기를 들었다고 했다.

그는 내일부터 당장 방사선 실험실에서 일해 주기를 원했다. 방사선 실험실은 캠퍼스 안에 있었는데 그곳에는 마틴 교수의 코발트-60에 관한 연구동이 있었고 일반 기초공학은 본관의 공학건물에, 원자력공학에 관한 실험은 원자로가 있는 북 캠퍼스의 쿠리취 연구소 건물에 있었다. 이곳 미시간대학은 원자력공학을 대학원에서만 가르치고 노스캐롤라이나 대학 같이 학부와 대학원 모두에서 가르치는 경우는 없었다. 원자로는 스위밍풀 형으로 워터보일러 형을 갖고 있던 노스캐롤라이나 대학과는 달랐다.

맥전이 다음날 방사선 실험실에 가보니 '써지' 라는 러시아계 박사과정의 학생과 5~6명의 대학원생이 있었는데, 그 중에는 일본에서 온 오이시 준이라는 학생도 있었다. 오이시준은 연구 조교로서 말수가 적고 머리는 좋았다. 경도대학의 조교수였는데 여기에 파견되어 1년 동안 와 있는 것이라 했다. 써지는 코발트-60이라는 방사성 동위원소에서 나오는 방사선을 이용하여 어느 유기반응이 어떻게 변화하는가 하는 것을 연구하고 있었다. 연구과제가 맥전에게 별로 흥미가 있었던 건 아니었지만 색다른 연구분야였기 때문에 약 1년 동안 일했다. 노스캐롤라이나대학에서는 30학점을 요구하고 있는 석사과정에서 46학점까지 받느라고 고생이 많았는데, 거기에 비하면 미시간대학에서 하고 있는 공부는 비교적 쉬웠다. 2학기에 핀란드에서 온 하롤드 올그린Harold Ohlgren 교수의 화학공학이라는 수업에서 A⁺를 받았다. 그 수업에서 A⁺를 받은 학생이 맥전밖에 없어서 다음 해부터는 올그린 교수가 프로젝트를 진행하는 미시간대학의 공학연구 협회라는 곳에서 그를 도우면서 일하게 되었는데 원자력공학과에서 원자로이론으로 유명한 리차드 오스본 박사와 같이 일하게 되었다. 그러나 연구 조교라는 것이 예나 지금이나 박봉이어서 급료는 조금 많아졌으나 2백 불을 넘지는 못했다.

오스본 박사는 유명한 테네시 주의 오크리취국립연구소에서 원자로이론을 가르치던 분이었다. 2학기때 맥전이 그의 강의를 듣게 되어 잘 알게 되었다. 원자력 로케트라는 개방형 고온 원자로 개념이 필요한 원자로를 설계하는 것이 맥전이 맡은 연구과제였는데, 마지막 설계를 끝내고 있을 때 맥전은 그곳에서 일하는 네다섯 명이 입력한 자료를 검사하던 중 오스본 박사가 제공한 마이그레이션 수치가 틀린 것을 발견하였다. 오스본 박사에게 이에 대해 말씀을 드리니 그는 놀라면서 "정말로 자네가 내 명예를 구했네"라며 기뻐하였다.

오스본 박사와는 그때부터 아주 친하게 지내게 되었다. 맥전이 미시간대학을 졸업하고도 매년 성탄카드에 자기의 가족사진을 넣어 주고받을 정도였다. 오스본 박사는 그 뒤 한 20년 후에 병으로 돌아가셨는데 아주 안타까웠다. 그는 말 그대로 나라의 보배 같은 존재였다.

석사학위를 다른 대학에서 받거나 미시간대학에서 끝내고 박사과정에 들어온 사람을 박사 지원학생이라 부르고 있었다. 대학에서 오는 개인적인 편지에도 '박사 지원학생 전완영' 이라고 써 있었다.

그후 예비시험에 합격한 뒤에는 박사후보자라고 불렀다. 이곳 원자력공학과는 헨리 곰바그 Henry Gomberg 박사가 과장이었는데 그는 올그린 교수 지도하에 일하고 있는 맥전과 오스본 교수와 몇몇의 대학원 학생이 연구 발표를 하던 날 얼굴을 내밀었다. 특히 맥전의 발표를 주의 깊게 들었다. 발표가 끝나고 나서 맥전에게 두세 개의 질문을 했는데, 맥전은 이때 원자력원자로 이론에 어느 정도 해박한 지식이 있던 터라 곰바그 박사의 질문에 어렵지 않게 대답했다. 그것이 곰바그 박사에게 좋은 인상을 주었던 것 같다. 그후 맥전이 박사학위를 받기까지 곰바그 박사의 특별한 지원을 받으며 공부할 수 있었다.

미시간대학은 그 무렵 즉 1957년 경, 미국 대학 가운데 언제나 5위 안에 들었다. 미시간 주에는 두 개의 주립대학이 있었다. 미시간 주립대학은 농공대학으로 마지막으로 승격한 대학이었고, 미시간대학은 사립대학의 하나로 알려져 있지만 사실 주립대학이었다. 미국은 매년 전국 대학의 등급을 발표했는데, 이 등급은 누가 결정하는가에 따라서 순위가 달라진다. 결국 순위를 결정하는 사람들의 출신학교가 상위에 올라가게 되는데 미시간대학은 언제나 4위나 5위에 속했다. 물론 하버드대학이나 예일대학이 1위를 차지하는 일이 많았지만, 맥전은 하버드와 예일을 시찰할 기회가 있었는데 그다지 감명을 받지 못했다. 출판, 연구 성과 그밖에 기타 학교 순위를 결정하는 요인에 따라 평가한다면 언젠가 미시간대학이 반드시 1위, 2위가 될 것이라는 강한 느낌이 들었다.

그 생각은 지금도 변하지 않았다. 다만 대학이 보스턴, 뉴잉글랜드에 위치해 있지 않고 중서부의 앤 아버 디트로이트시에서 36마일쯤 떨어진 곳에 있어서 정치나 경제인들과의 관계가 비교적 적어 1~2위를 다른 대학에 양보하고 있지만 교수, 시설, 학생의 질은 1등이었다. 특히 의과대학의 내·외과는 선두를 달리고 있고 공과계도 MIT와 견줄 수 있었다. MIT는 공과가 전문인데 종합대학으로는 미시간대학과 비교할 수 없다. 경제에서도 CNBC에서 매주 금요일마다 미 전국의 경제정보가 전달되고 이것이 미국경제를 평가하는 지수가 되는 것을 보면 그 대학의 위상을 알 수 있다.

맥전은 1958년 가을, 박사 후보시험을 통과했다. 일반적으로 예비시험은 두 번의 기회가 주어지는데, 맥전은 한 번에 통과했다.
예비시험은 지나치게 정신적 긴장을 가져오기 때문에 시험 중간에 정신이상을 일으킨 학생도 있었다. 맥전은 그 시험을 통과하자마자 곧 대학에서 박사 후보생이라는 신분을 받았다. 힘들었지만 즐거웠던 2년 반의 도전을 끝냈다. 이제부터는 과목을 들을 필요는 없었고 그저 논문연구에 집중하면 되었다.

**화합과 협력을 이룬
미시간대
한일 유학생들**

박사학위 예비시험이 끝날 무렵 한국학생회가 모임을 갖는다고 소식을 전해 왔지만 몸이 아파서 참석하지 못했다. 출석하지도 못했는데 한국학생회에서 맥전을 회장으로 선출하였다고 나중에 알려주었다. 그때 미시간대학에서 공부하고 있던 한국학생은 약 60명이었다. 그리고 일본학생은 80명, 중국학생은 120명 이었다. 한국학생은 대부분 서울을 경유해 왔기 때문에 단결이 잘 되었다.

일본학생들은 일본 각지에서 왔기 때문에 서로를 잘 모르는 듯했다. 심지어 어쩌다 길에서 맥전에게 "앤 아버에 있을 동안 폐를 많이 끼쳤습니다. 내일 일본으로 떠납니다"하고 인사를 하는 일본학생이 있을 정도였다. 중국 학생은 별다른 교류가 없어 잘 모르겠다.

1년에 한 번씩 있는 인터네셔널-데이를 위해 한국학생들은 축구팀을 만들었는데, 최초의 대항팀은 캐나다팀이었다. 회장이 되었으니, 시합 전에 이것저것 준비를 하는데 일본인 대여섯 명이 찾아왔다. 한국학생의 통역에 의하면 "이 일본인들은 자신들의 팀이 없기 때문에 한국팀원으로 참가하고 싶다"고 한다며 맥전에게 알려왔다. 맥전은 그때 미시간에 와 있는 대부분의 한국학생들보다 약 10살쯤 나이가 많았다. 특히

1958년의 일이니 한국인으로서 국가의식, 민족의식이 강할 때였다.

"일본학생들이 한국팀에 들어와 참가할 수는 없지. 있을 수 없는 일이야" 하고 말했더니 한국학생 몇 명이 "일본학생들은 한국학생들과 체격이 비슷해서 한국팀에 와서 참가하고 싶다고 하는데 왜 안됩니까?"라고 강하게 항의를 해왔다.

맥전은 "군들의 생각이 그렇다면 일본학생이 한국선수로 참가해도 좋아요" 하고 말했다. 전반에는 3대 0으로 한국이 이기고 있었다. 캐나다팀이 후반에 들어와 서로 뭐라 말하더니 거칠고 야비하게 경기를 하기 시작했다.

볼이 가는 방향과는 상관없이 한국팀 선수들이 가는 곳이면 몸으로 막고 캐나다의 아이스하키 경기에서나 있을법한 무지막지한 방법을 썼다. 결국은 한국 학생팀은 5대 3으로 경기에 졌다. 캐나다 학생들의 거칠고 도리에 어긋난 행동에 맥전은 몹시 화가 났다. 하지만 매사에 그렇듯이 항상 나쁜 일만 있는 건 아니다. 한팀이 되어 호흡을 맞춰 경기를 치른 일본학생들과 그들에게 기회를 준 한국학생들의 순수함에 미소가 절로 나왔다.

한국과 일본은 '가깝지만 먼 나라' 라는 생각이 들었다. 1600~1700년 전, 일본 건국에 조선반도의 삼국인 고구려-신라-백제가 공헌했다는 점과 지리적으로 가깝다는 점에서 가까운 나라라고 하겠지. 그러나 9백년 전에 원나라가 일본을 침입하려 할 때에 원나라와 고려가 연합군이 된 불가피한 입장과 고려말기에 조선반도에서 행해진 일본해적의 약탈,

도요토미 히데요시의 조선 침입과 같은 일들은 오래 전에 일어났지만 결국은 이런 사실들과 100년 전에 일본이 조선반도를 침입해 식민지로 만든 일들이 두 나라를 서로 가깝고도 먼 나라로 만든 것이다.

경쟁이라는 것은 1700년 전 조선 한반도에 자리 잡았던 삼국이 일본 건국에 직접 관계하여 일본 황제와 일본 지도층이 조선반도와 왕래하게 됐다는 사실과도 관계가 있다.

그 당시 앤 아버에 있는 일본학생들이 한국팀에 접근해 자기들도 한국인으로 축구에 참가하고 싶다고 말한 이유는 알 수 없다. 그들은 지난 역사를 아예 모르든지 아님 과거를 잊은 것인지….

하여튼 이 학생들이 한국학생을 방문한 것은 새로운 세대에 과거 죄를 물을 수 없는 만큼 순진한 것이며, 이에 앤 아버에 있던 한국유학생들이 별다르게 제지하지 않은 것을 보면 이를 선의로 해석한 것이다. 따라서 구 세대인 맥전과의 의견 충돌이 무리는 아니지.

핵발전개발연합의 상업용고속증식형
원자로설계 연구과제 추천받다

19 58년 가을학기부터 수학과 2학년 대수학 강사가 되었다. 원자력공학과는 대학원밖에 없기 때문에 수학과 등 다른 과에서 강의할 수밖에 없었다. 그래도 대학 내에 자신만의 사무실을 갖고 사무실 유리창에 맥전의 이름까지 새겨져 있어서 한국학생회 회장 체면은 조금 살렸다. 대수학 과목을 마무리 할 무렵 있었던 일이다.

맥전이 가르치던 수업에서 그 때도 역시 3~4명의 낙제생이 나왔는데, 그 중 한 여학생이 E학점을 받았다며 울상을 지으면서 맥전 사무실을 찾아왔다. 여학생을 대하는 것은 처음이었다.

맥전은 그녀의 시험을 다시 채점했다. 다시 채점을 해 보아도 E학점에서 더 이상 올릴 수 없어서 그녀에게 그러한 사실을 알려주었다. 그녀는 아무 말 없이 사무실을 나갔다.

같은 날, 수학과 사무실에 갔더니 사무실에서 가장 경험이 많은 비서가 "맥전, 당신이 다음 학기에도 강의를 계속 개설하는지 여러 명의 학생들이 문의했고, 당신이 가르치는 과목에 등록하겠다고 신청이 들어왔어요. 이런 일은 일찍이 수학과에서는 없었거든요. 선생님이 틀렸다고, 마음에 들지 않는다고 해서 다른 과목으로 바꾸겠다고 신청하는 학생들은 많이 보아 왔어도 이런 일은 지금껏 본 적이 없어요. 당신은 참 좋은 선생님인 것 같습니다"라고 말했다.

맥전은 이 말을 듣고 기뻤다. 이틀 뒤 맥전의 지도교수 프레드릭 F. 헤미트Frederick F. Hammitt가 불렀다. 그는 디트로이트 전력회사의 일부인 APDA핵발전개발연합, Atomic Power Development Associate Inc에 관계하고 있고, 그곳에서 세계 최초로 상업용 고속증식형 원자로를 설계하고 있는데 박사과정에 적당한 연구과제가 있다고 해서 맥전을 추천했다고 말했다.

치크 고바시크Chic Kovacic라는 폴란드계 사람이 그곳의 과장인데 만나면 어떻겠느냐고 물었다. 헤미트 박사는 또 그곳은 일반기술자들과 비슷한 임금을 받을 수도 있을 것이라고 강조해서 말했다. 맥전은 곧 치크 고바시크와 만나기로 하고 기차를 타고 APDA로 갔다. 30여 마일의 거리였다.

APDA의 기술자 수는 150명 정도로, 그 곳에서 치크 고바시크 박사를 만났다. 그는 아주 쾌활한 성격의 폴란드계 미국인이었다. 맥전을 보자마자 이곳 디트로이트에는 아주 좋은 이태리 식당이 있다며 같이 가서 점심을 먹자고 제안하였다. 식사 후 디트로이트에 있는 에디슨회사라는 APDA디트로이트 에디슨의 시설을 반나절 동안 시찰하였다. APDA는 원자력에 아주 관심이 많은 회사인데 '엔리코 페르미 고속증식' 원자로를 설계하기 위해 미국의 전력회사로부터 한두 명씩 엔지니어들을 불러 APDA를 조직하여 합동설계를 시작했다.

시찰을 마치고 회사에 돌아왔을 때가 오후 5시 경이었는데 치크 고바시크 박사는 운전을 하면서 오른쪽에 앉아 있는 맥전에게 말했다.

"우리는 재미있는 과제들이 있어요. 그 가운데 하나는 박사학위 논문 주제로 적당하다고 생각합니다. 그것에 흥미가 있습니까? 급료는 별로 신통치 않지만 한 달에 5백 불씩 드릴 수 있어요."

치크 고바시크 박사의 5백 불이라는 말에 내심 놀랬지만 맥전은 "이번 주말 동안에 좀 더 생각해 보겠습니다" 하고 진지하게 대답했다.

치크 고바시크 박사는 "좋습니다. 일주일을 드릴 테니 잘 생각해 보십시오. 일하시게 되면 디트로이트에 오시고 여기서 살면서 연구하시는 것이 좋다고 생각합니다. 앤 아버에서 통근하기는 힘들다고 생각합니다. 36마일이나 되니 말이예요."

그날 저녁 맥전은 기차를 타고 앤 아버로 돌아왔다. APDA에서 하는 대부분의 일이 학위논문이 된다고 생각하니 그의 마음은 꿈을 꾸는 듯했다. 고심 끝에 맥전은 치크 고바시크 박사에게 전화를 해서 그의 제안을 받아들인다는 말을 했다. 예비시험에 통과했기 때문에 학과에서 공부할 필요는 없었다. 논문만이 남은 것이다. 맥전은 지도교수인 헤미트 박사에게 이러한 기회를 만들어 준 것에 감사를 드렸다.

치크 고바시크 박사에게도 감사의 말을 전했다. 그는 아주 기뻐해 주었다. 그리고 일주일 뒤에 맥전은 디트로이트 시내에 있는 건물의 2층에서 APDA의 문제를 풀면서 논문에 전심을 다하며 일할 수 있게 되었다.

엔리코 페르미 고속증식로 설계에 참여하다

APDA에서하는 두 가지 였다. 그 중 첫째는 엔리코 페르미 고속증식로 설계에 관계한 것이었는데 때로는 치크 고바시크 박사가 준 문제를 계산해야 했다. 둘째는 나머지 시간에 '가동연료형 속 중성자원자로 응용을 위한 고립자 유체이상유동에 관한 연구'Paste-Type Two Phase Flow Through Restricting Orifice for Breeder Application라는 제목으로 박사학위 논문을 쓴 것이다.

치크 고바시크 박사가 알려준 대로 앤 아버에서 기차로 통근한다는 것은 매우 힘든 일이었다. 아침 6시반에 앤 아버 기차역에서 열차를 타고 30분 후에 디트로이트에 도착한 후 택시를 타고 APDA까지 갔다. 시간상, 거리상으로 도저히 되지 않았다.

그래서 맥전은 디트로이트의 세븐 마일로드, 우드워드 아베뉴라는 큰 길에 위치하고, 도심에서 약 7마일 떨어진 위스트 마가레트로 이사를 가서 매일 아침 버스를 타고 통근했다.

APDA 기술자로서 생활은 극히 단조로웠다. 치크 고바시크 박사에게 설계문제를 받고, 계산하고, 회사 도서관에 가서 박사논문에 관한 문헌 조사를 하는 것으로 처음 네다섯 달이 지났다. 동료 기술자들은 매우 친절했다. 예외 없이 자기 자신에게 주어진 문제를 풀기 위해 조용히 계산을 하고 있는 것이 특히 진지해 보였다. 가끔 세미나와 보고회도 있어서 공부도 많이 되었지만 장차 기술자로서 단순한 생활을 해야 한다는 것이 맥전에게는 맞지 않겠다는 생각이 들기 시작했다.

'과거 노스캐롤라이나 주, 앤 아버 그리고 서울대 공과대학에서 새로운 일을 시작하던 것이 좋았는데…' 더 자극이 되는 일을 찾을 수 있으면 하는 바람과 함께 '논문만 무사히 끝내면 대학교수가 되는 것이 제일 좋겠다'고 생각했다.

부친은 이북 평양에 있던 숭실전문학교에서 교수생활을 한 일이 있고 모친도 평양여고를 졸업한뒤 경기여고 사범과를 나와 한국에서 최초로 초등학교 교사로 일을 하셨다는 것을 맥전은 새삼 떠올렸다.

문헌조사가 끝나자마자 맥전은 APDA 연구소에서 필요한 실험장치를 조립하기 시작했다. 조립이 끝나고 나서 시험가동하기 까지는 3~4개월이 걸렸다. 이 문제는 APDA에서 받은 것이지만 맥전이 좋아했던 것은 아니었다. 맥전은 본시 올그린 교수의 고온도 개방형 원자로 동력에 대해서 연구하고 싶었다. 그러나 올그린 교수의 프로젝트가 끝나고 수학과 강사가 된 후 상황이 여의치 않았다. 그래서 학위가 끝나자마자 대학에서 직장을 찾는다는 것이 맥전의 생각이었다.

　1959년 여름부터 자료를 모으기 시작했다. 자료를 정리하기 위하여 여러가지 물리적 모델을 생각했고, 그 중의 하나가 자료의 물리적 성질을 잘 설명하는 것 같아서 그것을 이용해 자료를 조명했다. 연구소는 3층 건물이었고 맥전의 장치가 있는 2층 옆에는 연구소를 관리하는 사무실이 있었다.

　맥전의 논문은 순조로이 진행됐다. 1960년 1월까지 자료를 모두 모을 수 있어 논문을 쓰는데 2~3개월 가량이 걸렸고, 그해 3월 말 논문심사까지 완전히 끝냈다. 다섯 명의 박사심사위원 앞에서 논문심사를 받고 나니 곰바그 박사가 "맥전, 잠깐 밖에서 한 1~2분 기다려주세요"라고 말해서 맥전은 심사실 밖으로 나왔다.

　몇 분 후, 곰바그 박사가 방에서 나왔다. 악수를 청하더니 "축하합니다. 맥전 박사!"라고 말하면서 웃었다. 이어 다른 분들도 나오면서 "맥전 박사!"라고 하면서 악수를 청했다.

　'아, 이것으로 나도 박사가 되었구나'

　맥전은 웃으며 악수를 받았다. 박사를 받는 단계는 조금씩 조금씩 오기 때문에 막상 박사학위를 받을 때에는 담담하지만 그래도 박사학위 심사를 받고 '맥전 박사'라고 말하는 교수들의 악수를 받는 순간 맥전은 아주 커다란 행복을 맛보았다.

그날 밤 맥전은 고국인 한국의 서울에 계시는 어머니에게 전화를 걸어 박사학위 취득을 전했다. 어머니는 아주 기뻐하셨다. 어머니와 헤어지고 난 후 박사학위를 받는데 까지는 6년이라는 세월이 지났지만 실력은 많이 붙었다고 생각했다.

한국을 떠날 때 주머니에 있었던 50불 정도의 돈을 제외하고 내 돈은 거의 한 푼도 안 썼다. 강의와 연구조교 장학금으로 견디어 낸 결과였다. 한국의 「서울신문」은 1~2주일 후에 '한국 최초의 원자력공학박사' 로서 맥전의 박사학위 취득을 보도했다.

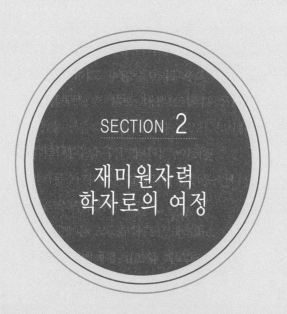

SECTION 2

재미원자력
학자로의 여정

나는 과학에 위대한 아름다움이 있다고 생각하는 사람이다. 연구실 과학자는 단순한 기술자가 아니라 마치 동화처럼 자신에게 감명을 주는 자연 현상 앞에 선 어린 아이이기도 하다

– 마리 퀴리

로드아일랜드대학에 남긴 선물

1960년 5월, 노스캐롤라이나 대학의 베티 박사에게서 전화가 왔다. 그때 맥전은 앤 아버에 있었고 베티 박사는 축하의 말을 전하면서 "로드아일랜드 주립대학 공과대학 학장으로 있는 딘 클로포드Crawford와 만났는데, 화학공학이 전공자인 원자력기술자를 찾고 있네. 좋은 사람을 소개해 달라고 해서 맥전 당신 이야기를 하니 아주 좋아 하더군. 자네가 항상 입버릇처럼 말하곤 했던 바다 옆에 있는 주가 로드아일랜드일세. 주 전체가 섬처럼 되어 있다네. 딘 클로포드에게 전화를 걸어 한 번 가보면 어때?"하고 말했다.

맥전은 3년 반 전에 베티 박사의 도움으로 미시간대학으로 오게 되었고, 바닷가에 있는 대학이라고 하니 아주 흡족했다. 딘 클로포드에게 전화하니 바로 내려와 인터뷰를 할 수 있는지 물었다. 맥전은 곧 비행기를 타고 로드아일랜드로 떠났다. 프로비던스 공항에 내려서 개찰구를 나오려니 뒤에서 누군가 쫓아왔다. 바로 롤프 톰슨Ralf A. Thomson 박사였다. 화학공학과의 과장이었는데 "맥전 박사입니까? 당신이 키가 커서 몰라보았습니다. 오늘은 우리 집에서 숙박을 하시고 내일 딘 클로포드 박사와 면담하십시오"하고 말했다.

톰슨 박사의 집은 대서양을 멀리 바라볼 수 있는 언덕 위에 있었는데 아내와 아들 이렇게 셋이서 단란하게 살고 있었다.

바다와 배가 좋아 한국에서도 해군에 지원해 근무하였던 맥전에게 로드 아일랜드는 꿈 같은 곳이었다. 다음날 대학으로 가서 클로포드 학장을 만났다.

"잘 와 주었습니다. 오늘은 톰슨 박사와 캠퍼스를 둘러보시고 내일 모레쯤 다시 만납시다."

그날 밤도 호텔에 숙박하는 대신 톰슨 박사집에서 신세를 지고 클로포드를 학장실에서 만났는데 그는 조교수를 제안했다. 맥전은 생각해 볼 필요도 없이 조교수직을 수락하고 다음과 같이 말했다.

"6년 전 MIT에 올 때 미국 대사관에서 받은 비자가 교환방문비자로 P가 붙어 있어 1~2년 후에는 한국에 다시 돌아 가야합니다. 따라서 제가 계속해서 미국에 있을 수 있게 해 주십시오."

"대학에서는 최선을 다해 당신의 미국체류를 강구해 보겠습니다. 대신 화학공학과에서 원자력공학을 시작해 주십시오"라고 클로포드 박사가 강력하게 희망했다.

맥전은 앤 아버로 돌아가 5월에 있는 졸업식에 참석했다. 여러 한국학생들이 졸업식에 참석해서 축하를 해 주었다.

이렇게 해서 맥전은 사랑하는 앤 아버를 떠나 가재도구를 실은 유-홀U-Haul을 운전해 로드아일랜드로 향했다.

앤 아버를 떠나는 순간 눈물이 흘러내렸다. 이틀 반 정도 걸려서 로드아일랜드에 도착하여 콩돈가Congdon St. 69번지에 집을 빌렸다. 그곳은 해안에 위치해 있어서 여름에는 피서지인 나라간셋이라는 곳이 있고 파도 소리가 철썩철썩 들려왔다. 꼭 꿈을 꾸는 것 같았다.

9월에 학기가 시작되었다. 1954년 맥전이 MIT에 왔을 때는 4개월의 단기 예정이었는데, 그때 취지는 MIT 강좌가 끝나면 참가자 모두는 각자 자기 나라로 돌아가 일하는 것이었고 그래서 학생들은 P비자로 왔던 것이다. 맥전이 7~8년이 지나도록 미국에 있었지만 체재 비자는 P비자였다. 클로포드 박사에게 부탁했지만 맥전의 사정은 달라질 것 같지 않았다. 그가 가지고 있던 P비자는 다른 장기비자로 바꿀 수 없었다. 맥전은 비자가 허용되는 대로 6개월이라는 실무훈련을 세 번 연장해도 즉 1년 반 안에 원자력공학 프로그램을 완성시키고 이곳을 떠날 수 있으리라는 전제하에 막연히 준비했다.

미국원자력위원회의 교육훈련부에 로드아일랜드대학에서 원자력공학 프로그램을 시작하는데 설비지원을 해달라는 원서를 냈다. 그때 로드아일랜드대학은 새 건물을 짓고 있었는데 그 건물 3층 청사진에도 원자력실험실을 넣을 것을 건축회사와 협의했다. 그리고 원자력공학 프로그램에 필요한 기구를 당시 미국에서 유명했던 뉴클리어 시카고와 같이 선정됐다. 그 기구를 갖고 할 수 있는 50여 종류의 실험을 선택하여 각 실험들에 대해 기술했다. 건축회사의 청사진도 첨부했다. 참고자료와 합쳐보니 총 70~80페이지가 되는 분량이 꽤 되는 한 권의 책이 되었다.

이것을 완성하는데 약 1년이 걸렸다.

이밖에도 신임인 조교수 맥전에게 톰슨 박사는 중노동에 해당하는 여러가지 임무를 주었다. 1년 후 신청서를 제출할 즈음에 맥전은 체력이 소진해서 신장염으로 국립병원에서 두 주일 정도 치료를 받았다. 퇴원할 때는 몸이 너무 약해 있어서 겨우 걸을 수 있는 정도였는데, 다른 학과의 동료들이 와서 맥전의 퇴원을 도와 주었다.

가을학기가 시작되었다. 원자력위원회 발표가 있었다. 그해에 연구기금을 신청한 대학이 2백여 개가 된다고 했다.

대개는 수천 불 정도의 연구기금이 나왔다. 맥전은 그 중에서도 대단위 연구기금으로 총액 3만 5천 불을 받았다. 그것을 모든 교수가 참석한 회의석상에서 자랑스럽게 얘기하는 클로포드 학장의 발표가 퍽 인상 깊었다. 클로포드 학장이 물었다.

"메디슨 씨, 원자력위원회에서 작년에 연구기금을 받았죠? 그게 얼마였습니까?"

"3천 불이었습니다."

"그렇습니까? 맥전이 이번에 받은 기금은 전부 합해 3만 5천 불이나

됩니다. 이것은 올해 전국에서 최고 액수입니다."

학장의 요청에 따라 맥전은 톰슨 박사와 두 시간이나 걸리는 보스턴에 함께 갔다. 그리고 그곳 이민국에 출두했다. 이민국에서는 맥전이 예상했듯이 "이 경우는 절대로 변경해서는 안 된다는 윗선의 지시가 내려와 있습니다. 이것을 변경해 드린다면 내 목이 달아나죠"라고 이민관이 말했다. 다만 대학에 몸을 담고 있으니 1년 반으로 되어 있는 기한을 2년까지 연장해 줄 수 있다고 말했다.

그렇다면 다음 해 5월까지는 이곳에서 가르칠 수 있겠지만 더 이상 미국에 체류할 수 없겠지.

따라서 맥전은 캐나다로 갈 것을 결정하고 캐나다 대학과 교섭을 시작했다. 로드아일랜드대학에 1년 반 있는 동안 3만 5천 불의 정부원조를 받고 그곳에 원자력공학에 필요한 전적인 설비를 얻는데 성공했다. 이것은 맥전이 로드아일랜드대학에 남겨놓고 가는 큰 선물이었다.

**당시 한 명의 유학생이라도
절실하게 필요했던 조국**

뉴브런즈윅 주립대학은 지형학적으로 미국의 북쪽과 캐나다 동부에 있다. 뉴브런즈윅 주립대학에서 와 달라는 편지가 왔다. 맥전은 즉시 수락하고 캐나다의 이민국에 뉴브런즈윅대학의 조교수직을 승낙하겠다는 편지를 보냈다.

비가 주룩주룩 오는 겨울 어느날이었다. 맥전은 현관 밖에 있는 편지함에 편지가 왔나 찾아보았으나 아무것도 없었다. 그래서 집으로 다시 들어가려다 조금 떨어진 땅 위에 비에 폭삭 젖은 편지 같은 것이 눈에 띄어 주워 보니 캐나다 이민국에서 온 편지였다. 편지를 펼쳐 보았더니 내용인즉 캐나다의 뉴브런즈윅대학에서 당신을 조교수로 채용했다고 하니 축하하는 바이고 영주권을 제공할테니 캐나다 국경을 넘을 때 이민국에 이 편지를 보여주면 영주권 수속이 바로 될 것이라고 적혀 있었다.

그런데 폭스바겐 미니버스로 아내와 아이들 셋을 데리고 날씨가 추운 겨울에 이사를 하려니 준비할 것이 여러 가지로 많았다. 최악의 경우 다섯 명이 버스 안에서 캠핑을 해야 할 상황이었기 때문에 아주 작은 폭스바겐에서 잠을 자기 위해서는 버스 좌석을 빼는 방법을 생각해봤다. 가족 중 세 사람이 아래서 자고 앞의 운전석과 조수석을 메워서 한 아이가 자면 맥전은 천장에 걸친 해먹에서 자야 했는데 해먹 가운데와 아래에서 자는 아이와의 간격이 2~3센티미터밖에 되지 않았다. 이런 연습을 하면서 캐나다로 떠날 날짜를 기다렸다. 그러는 동안 겨울학기도 끝자락에 와 있었다.

맥전과 가족들은 12월 24일 성탄절을 대학의 동료들과 함께 지내고, 새하얀 눈이 내린 28일 스노우타이어를 단 폭스바겐을 몰고 북쪽으로 북쪽으로 달렸다.

이틀 동안을 달리니 국경 도시 세인트 안드레아에 도착했다. 그 곳에서 눈앞에 놓인 캐나다를 바라보면서 하루를 보냈다. 국경을 통과하고 캐나다 영주권을 받아 당시 수속은 지금과 달랐다 뉴브런즈윅 주의 수도인 프레데릭톤에 도착했다. 예상했던 대로 아주 조그만 시이고 인구 2만 명 가난하고 추운 지역이었다. 그러나 맥전은 이것으로 안전하게 캐나다에 머물 수 있는 자격을 얻은 것이다.

영주권을 세인트 안드레아에서 받았으니 캐나다에서 이제 아무 걱정 없이 내 나라처럼 지낼 수 있게 된 것이다. 대학에서 결정해 준 집에 도착하여 짐을 풀고 쉬밀트 Les Shemilt 과장에게 연락을 하니 즉시 맥전이 있는 곳으로 와 주었다. 그는 친절한 사람이었다.

1월 말부터 강의가 시작됐다. 피고 박사라는 프랑스계 조교수가 또 한 명 있었다. 이렇게 세 사람이 화학공학과의 전체 강의를 맡아 매우 바빴으나 겨울학기 내내 즐기면서 학기를 마쳤다.

어느 날 아침에 일어나 밖을 바라보니 연통에서 소리 없이 연기가 수직으로 올라가고 있었다. 온도계를 보니 영하 36도였다. 이곳에서 자동차를 주차할 때는 주차장에 있는 저전압에 자동차의 엔진 플러그를 연결해서 자동차의 엔진이 언제나 따뜻하게 유지되도록 해야 한다. 밖에 나가 차를 운전해 보니 영하 36도의 혹한 중에서도 움직일 수 있었다.

시간은 흘러 맥전은 이곳 생활에 익숙해져 갔다. 4월의 어느 날 한국에서 전화가 왔다. 생각하지도 못한 맥전의 사촌형이었다. 잡음이 심해서 잘 들리지 않았지만, 맥전의 어머니가 갑자기 돌아가셨다는 것이었다. 어머니는 그날 아침 일찍 한국 학무관 어머니는 그때 장학사 직에 계셨다에 가시려다 갑자기 두통을 느껴 집에 돌아와 "머리가 아프다"고 가정부에게 말씀하시며 돌아서시다가 의식불명이 되셨다는 것이다. 놀란 가정부는 맥전의 백부댁에 이것을 알리러 갔고 백모와 함께 어머니 댁에 다시 와 보니 여전히 의식불명이라 병원으로 모시고 갔지만 그만 절명하셨다는 것이다.

맥전의 사촌형은 맥전에게 돌아올 것인지 아니면 서울시의 학무국과 상의해 사회장을 치를 것인지를 결정해 달라고 했다. 맥전은 우선 전화를 끊고 쉬밀트 박사에게 전화로 그의 의견을 물었다. "맥전이 지금 대학을 떠나면 학교 측에 문제가 생기니 돌아가지 말고 서울시 학무국에서 사회장을 해 줄 수 있다 하니 그렇게 추진함이 어떻겠느냐"고 말했다. 그때 한국에서는 외국에 나가서 공부한 사람들이 돌아오지 않아서 그들이 한국에 돌아오면 붙잡고 보내주지 않는 상황이었기 때문에 한국에 전화를 해 돌아갈 수 없을 것 같다고 했다.

사촌형은 그렇게 해도 괜찮으니 걱정하지 말라며 전화를 끊었다. 박사학위를 받았다며 1년 전에 전화드렸을 때 어머니께서는 얼마나 기뻐하셨는지 모른다. 서울에 계시는 모친의 친구와 동료들은 축하를 해 주었고 어머니는 일생 소원을 풀었다고 하시면서 기뻐하셨다. 미국, 캐나다에 오실 수 있도록 수속 중이었는데 그 와중에 그만 돌아가신 것이다. 어머니를 모시고 함께 살려고 했다는 것을 잊지 않고 마음에 두신 채 돌아가셨을 것이다. 그나마 그런 희망을 안겨 드렸다는 것이 맥전이 마지막으로 드린 효도가 아니었을까 생각한다.

그 다음 주말에 맥전은 가족과 같이 저녁을 먹으러 세인트 안드레아에 있는 식당에 갔다. 그곳에서 먹은 게가 싱싱하지 않았든지 아니면 어머니가 돌아가셔서 맥전의 마음이 몹시 힘들 때여서 그랬는지 음식을 먹자마자 토하기 시작했다. 길에서 계속 토하면서 두 시간이 걸려 집에 돌아와 곧바로 쓰러졌다. 의식을 잃고 빈사 상태가 되었다. 애기를 듣고 쉬밀트 박사가 뛰어왔다고 한다. 얼마 후 눈을 떠보니 토하는 것은 멈추었고 숨도 쉬고 있었다. 맥전은 혼자였다. 옆방 거실에서 쉬밀트 박사와 아내가 얘기하는 소리가 들렸다. 죽었다고 생각하고 이제는 어떻게 했으면 좋을까 얘기하고 있었는지도 모르겠다.

이런 일이 있고 나서 맥전은 프레데릭톤이 싫어졌다. 그래서 회복하자마자 다른 대학으로 옮기고 싶어졌다.

02

가자!
몬트리올 맥길대학으로

어느 날 퀘벡 몬트리올 시에 있는 맥길대학에서 교수를 모집한다는 공고를 보았다. 부교수가 은퇴하니 거기에 해당하는 자리를 모집한다는 것이다. 맥전은 급히 그곳에 편지를 보냈다. 거의 두 주일 뒤 생각하지도 않게 빨리 답이 왔다. 그 편지에는 맥길대학에 와서 인터뷰를 하자는 것이었다.

맥전은 몬트리올 시 시아브로크길에 있는 쉐라톤 호텔에 숙박하고 인터뷰를 기다렸다. 다음날 아침 맥길대학에 갔다. 아주 고풍스런 대학이었다. 구내는 그리 넓지 않았지만 캐나다에서 역사가 가장 오래된 대학이라 했다. 오전에 화학공학과 과장인 한센 박사와 만났다.

한센 교수는 그때 63세로 머지않아 은퇴하기로 예정되어 있었는데 아주 선량한 독신자였다. 점심을 먹고 오후 1시에 공과대 학장으로 있는 캠벨 교수와 만나기로 했다. 시간이 남아서 한센 교수에게서 화학공학과 내의 교과목과 대학 달력을 얻어 한 시간 반 정도 살펴보았다. 미국의 큰 대학에서 쓰고 있는 커리큘럼과는 달리 조금 구식이었다. 11시 반이 되어 한센 교수와 같이 교수회관으로 갔다. 교수회관은 5층 건물인데 한센 교수는 맨 위층에서 홀로 살고 있다고 했다. 그는 칵테일을 권했다. 학장과 1시에 만나니 조금 취해 두는 것도 괜찮을 것이라 했다. 의미를 잘못 알아들은 맥전은 그저 웃음만 지었다. 그리고 곧 한센 교수와 함께 캠벨 학장이 있는 공학센터에 갔다.

학장실 복도에 키가 크고 마른 사람이 맥전과 한센 교수가 오는 것을 옆 눈으로 살짝 보고 지나갔다. 한센 교수는 "맥전 박사가 왔습니다"하고 공손히 말했다.

"아 그래요. 먼저 안에 들어가세요. 곧 들어가겠습니다."

한센 교수의 태도로 볼 때 학장은 아주 강한 성격의 소유자일 것이라 생각이 됐다. 그리고 세 사람이 모여 여러 가지 현안에 대해 얘기했다. 그러는 중에 캠벨 학장은 "오늘 아침에는 무엇을 하셨죠?"하고 물었다.

맥전은 캠벨학장에게 '학과의 커리큘럼을 받아 읽어보았다' 고 했다. 그의 눈이 번쩍하며 이 대학의 커리큘럼이 어땠냐고 물었다. 맥전은 사실대로 대답하지 않을 수 없었다. 그래서 조금 구식스럽다고 대답했다. 캠벨 학장은 갑자기 한센 교수에게 "잠깐 밖에 나가 계세요. 맥전과 단둘이 얘기할게 있습니다"라고 말했다.

뜻밖의 일이었다. 한센 교수는 기분이 좋지 않은 듯 방을 나갔다. 그러자마자 캠벨 학장은 맥전에게 물었다.

"이제까지는 한센 교수가 맡고 있었지만, 당신이 온다면 이곳에 최신식 미국 커리큘럼으로 가르칠 수 있겠습니까?"

맥전은 "물론 그렇게 할 수 있죠. 미국에서 여러 가지 보고 들은 바 있으니 문제 없습니다"라고 말했다.

캠벨 학장은 이어 "어떤 조건으로 이곳에 오시겠습니까?"라고 물었다. 맥전은 기회를 놓치지 않고 다음과 같이 말했다.

"저는 박사 학위는 늦었지만 한국의 해군사관에서 화학교관도 하고 해군기술연구소에서 일해서 비교적 경험은 많습니다. 이곳 화학공학과의 공고에도 있듯이 적어도 부교수자리가 아니면 이곳에 올 수 없습니다"하고 단언했다.

캠벨 학장은 "그것은 문제없어요. 연봉은 어느 정도로 원하고 있습니까?"하고 물었다. 맥전은 연봉의 범위를 주면서 캠벨 학장을 살짝 쳐다보았다. 확신이 서지는 않았지만 학장이 맥전을 마음에 들어 하는 느낌이 들었다.

캠벨 학장은 밖에서 기다리고 있는 한센 교수에게 들어오라고 말했다. 다시 세 사람이 만나게 되었을 때, 캠벨 학장은 한센 교수에게 "나는 맥전 박사가 마음에 들어 이 분을 교수로 초빙하고 싶습니다"하고 말했다. 맥전의 가슴은 뛰었다. 몬트리올 시에 올 때 토론토에 있는 어느 대학 인터뷰를 했던 뉴브런즈윅 대학 동료가 있었는데 그 동료가 맥길대학에 인터뷰를 하러 간다고 했더니 "그 대학은 캐나다의 하버드요"라고 말했던 생각이 났다. 맥전은 한센 교수와 캠벨 학장의 대화에 귀를 기울이고 열심히 들었다. 한센 교수는 "그렇게 금방 교수 초빙을 하시렵니까?"라며 정말 확신이 있냐고 물었다.

캠벨 학장은 한센 교수에게 "괜찮아요. 18명의 후보자 중에서 이 분이 제일 마음에 드니 자리를 드리지요"라고 말했다. 그리고 맥전을 향하여 "당신이 원했듯이 부교수로 초빙하고자 합니다. 연봉도 원하는 대로 책정해 드리겠습니다."

그래서 맥길대학의 면접은 한 시간만에 끝났다. 그해 여름 맥전은 가족과 함께 몬트리올로 이사 했다. 몬트리올 교외에 있는 라신La Chine에 아파트를 얻었다.

내 일생의 가장 큰 행운

몬트리올에 도착하자마자 숙소를 교외인 라신이라는 곳에 정하고 가을학기가 시작되기만을 기다렸다. 맥길대학으로 부임은 내 일생의 큰 행운이 아닐 수 없다.

그런데 이제 나의 원자력에 대한 진로는 어떻게 될 것인가? 한편으로 초조하면서도 그러나 큰 문제는 없을 것으로 보였다. 원자력화학공학Nuclear Chemical Engineering이라는 분야가 있질 않는가? MIT의 만손 베네딕트Manson Bened'ct 교수가 그 좋은 예일 것이다.

맥길대학의 화학공학과에 적은 두겠지만 연구활동 분야는 얼마든지 있을 것이다. 온타리오의 초크리버에 있는 캐나다원자력공사AECL가 중심이 되겠지만 그 외에도 엘도라도원자력사Eldorado Nuclear Corporation와 같은 준 국영업체가 있질 않은가?

또한 원자로 제작사로는 캐나다원자력공사AECL:Atomic Energy of canada Ltd.가 있다. 이곳에서는 제2차세계대전 말부터 캐나다에 와서 일하던 영국의 과학자들이 많이 있고, 그들이 생각해낸 캔두CANDU형은 중수를 감속재moderato로 사용하는 특수한 노형이며, 어느 면에서 보면 플루토늄PU 생산로爐라고 볼 수 있다. 이를 이용해 캔두와 유사한 생산로를 써서 인도에서는 원폭原爆을 생산하여 지금은 떳떳한 원자폭탄 보유국이 되지 않았던가.

그래서 맥전이 새 학기 초에 기획한 것은 초크리버 연구소의 탐색이었다. 학기 초라서 시간적으로 여유가 많지 않았지만 그곳의 화공학연구실과 연락하며 방문하였다. 우선 제일 가까운 캐나다의 수도 오타와Ottawa 시로 가, 그곳에서 차를 빌려 타고 오타와 강을 건너 초크리버까지 가는데 꼬박 하루가 걸렸다.

초크리버에 모여있는 연구소의 건물들은 좀 초라하게 보였다. 다음날 아침, 초크리버 연구소의 화공학 연구실장을 찾아가니 실장과 차장이 기다리고 있었다. 맥전은 두 사람과 환담을 통해 앞으로 맥길대학에서 원자력화학공학Nuclear Chemical Engineering을 시작하는데 있어서 조언을 부탁했다. 그러자 두 사람은 초크리버 연구소에선 맥길대학 같은 곳에 원조를 할 수가 없으며 만약 캐나다 내에서 그 같은 원조를 얻고자 한다면 오타와에 있는 NRCNational Research Council를 통하여 얻는 것이 거의 유일한 길이라고 알려주었다. 그리고 보니 초크리버 자체가 매년 NRCNational Research Council에서 예산을 받는 모양이었다.

초크리버 연구소에서 정보도 듣고, 캐나다의 유명한 초크리버 연구소도 보았고 연구진들도 만나보았으니 편안한 마음으로 귀로에 올랐다. 그 뒤 두 사람의 조언대로 매년 한 번씩 나오는 NRC의 연구비 신청서에 연구조건을 써서 신청했더니 첫 해에는 5천 불 정도의 연구비가 나왔다.

그것은 대학원생 연구조수를 한 명 정도 채용할 수 있는 금액이었다. 연구제목은 「Pulsed Column을 이용하는 액체-액체추출에 관한 Pulsed Column의 연구 방법」이었다.

맥전은 몇 달 후 연구비 5천 불로 중국^{대만} 학생 친이준^{陳二峻} 군을 채용하고 플루토늄 추출법^{Pu-rex}의 기초가 되는 액체-액체 추출부터 연구를 시작했다.

그후 맥전과 그의 문하생 친^陳 씨는 맥동^{脈動} 방법으로 초음파^{Ultrasonic}의 여러 진동수를 사용, 최적의 진동수 범위를 찾아 결정하였다. 보고서와 출판서가 나오자마자 NRC의 신청서는 더욱 충실해지기 시작했다.

그러던 어느 날 온타리오 호수 항구에 위치한 엘도라도원자력 관계자들이 맥전을 방문하였다. 맥전은 그때 오타와의 NRC로부터 매년 2만 불의 연구지원비를 받고 있었다. 엘도라도원자력 관계자의 방문은 맥전을 놀라게 하고도 남았다. 당시 캐나다의 유수 대학들은 NRC 외에 산업체들로부터 지원받아 연구하는 분위기는 거의 없었다. 그런데 아무런 조건도 없이 엘도라도원자력과 같은 캐나다의 반 민간단체가 자진해서 찾아와 연구를 도와주겠다고 하니 놀라지 않을 수 없었다. 그래서 그는 엘도라도원자력 관계자들에게 '현존하는 액체-액체추출 프로젝트'를 설명하고 실험실로 안내하였다. 그들은 아주 흡족해 하며 1년에 2만 불씩 지원해주겠다고 제안했다.

결국 맥전의 매년 연구비는 4만 불로 증가했다. 그때가 맥전이 맥길 대학에 온지 3년째 접어들 무렵이었다. 맥전은 마음속으로 흡족했다.

그리고 MIT의 만손 베네딕트 교수처럼 원자력화학공학 분야에서 업적다운 업적을 세워 이를 한국에서 펼쳐보자고 마음을 다잡았다. 바로 그것이 맥전이 한국을 떠날 때의 꿈이 아니었던가?

학생들이 선정한 최고의 교수상 수상	맥길대학에서 3년째 접어들 무렵 맥전은 학내에서도 부교수로 자리를 잡았고 캐나다대학 공학계에서도 저명한 인사가 되어갔다.

1965년 늦가을 어느 날, 4학년 졸업반 대표인 한 학생이 맥전 교수실을 찾아왔다.

"교수님, 오늘 저녁에 파티가 있는 것을 알고 계시지요? 사모님도 함께 꼭 나와 주세요. 부탁드립니다."

맥전은 어리둥절해서 학생에게 물었다.

"오늘 저녁에 파티가 있다고? 아니, 나는 모르고 있었는데…."

"왜 모르세요? 초대장까지 보내드렸는데요" 학생도 의아하다는 듯이 되물었다.

"그래 그 편지는 대체 언제 보냈는데?"

맥전은 그에게 되물으면서 탁자 옆 쓰레기통을 쳐다보았다.

"며칠 전에 보냈는데… 잠깐 … 실례합니다. 저것 같은데요."

그는 쓰레기통에서 아직 개봉조차 하지 않은 한 통의 편지를 찾아냈다. "아, 이거네요. 뜯어 보세요."

무슨 중요치 않은 편지인가 싶어 뜯어보지도 않고 쓰레기통에 던져버렸으니 미안한 마음에 머리를 긁적이며 학생에게 사과했다. 그리고 편지를 조심스럽게 뜯었다. 편지는 공과대학 학부학생회에서 매년 한 차례씩 여는 파티 초대장이었다. 즉 전완영 교수가 부부동반해서 참석해주면 좋겠다는 내용이 간단하게 적혀 있었다. 맥전을 조심스럽게 지켜보고 있던 학생대표는 "꼭 나오실 거지요?"라며 확답을 받고자 했다.

"초대해 줘서 고맙긴 한데 우리 같은 노장들을 초대해서 무슨 재미가 있겠다고. 우리는 잊어버리고 학생들끼리 재미 있게 노는 것이 좋지 않겠어요?"

맥전이 이렇게 말하자 학생이 다시 말했다.

"교수님, 사모님과 함께 나오시지 않으면 화공과 학생 일동이 많이 실망할 거에요."

학생은 이렇게 말하고 자리를 떴다. 맥전은 곰곰이 생각했다. 그는 과[科] 대표가 남겨놓고 간 말을 떠올렸다. 그날 밤 그는 몬트리올의 추운 저녁을 무릅쓰고 미팅장소로 갔다. 학생들의 요구대로 아내도 함께 동행하였다. 파티는 성대하게 진행 중이었다. 맥전 부부의 도착을 알리는 아나운서 멘트가 있자 장내는 큰 박수로 맥전 부부를 따뜻이 맞아주었다. 곧 맥주 등 음식이 제공되고 장내는 다시 열광적인 템포가 계속되었다. 한

시간쯤 지났을까. 갑자기 아나운서의 특별한 멘트와 함께 장내는 조용해 졌다.

"우리 공과대학 학부학생회는 금년부터 새로운 상을 제정했고, 오늘 은 그 최초의 수여식을 거행하겠습니다."

아나운서는 계속해서 말을 이어갔다.

"이 상은 교수님들 가운데 최고로 훌륭하신 교수님 세 분을 뽑아서 드리는 상으로, 우리 학생들의 감사한 마음을 담은 것입니다. 그 세 분의 이름은…."

아나운서가 세 명의 교수 이름을 호명했다. 물론 이곳 공과대학은 여러 과가 있고, 아나운서의 호명을 받지 못한 학과도 많았으나 우선 토목 공학과, 전기공학과, 화학공학과 중에서 맥전이 호명된 것이다. 세 사람 이 각각 호명될 때마다 수백 명의 참가자들은 박수갈채로 환호했다.

뜻밖의 행사에 맥전은 놀랍기만 했다. 물론 맥전보다도 더 놀란 사람 은 아내였다. 아내는 무슨 영문인지도 모른 채 파티에 끌려나온 것일 뿐 인데 갑자기 남편이 상을 받는다니….

시상식이 거행됨에 따라 맥전은 학생들의 박수갈채를 받으며 무대 가 운데로 나가 상을 받았다. 상은 머그잔이었고, 머그잔 겉면에는 학생들 의 뜻이 작은 글씨로 새겨져 있었다. 또한 재미있는 것은 이 잔의 바닥이 투명유리로 돼 있다는 것이다. 말하자면 중세 기사들이 술을 마실 때 건 배와 함께 술잔을 즐겁게 교환하면서 서로를 경계하며 상대방에게 시선 을 떼놓지 않는다는 의미가 있다고 한다.

맥전과 학생들은 서로 축하의 악수를 나눴다. 맥전은 맥길공과대학 학부학생회가 제정한 상의 첫 수혜자로 자신을 지명한 화학공학과 학생들에 대한 고마움이 매우 컸다. 더욱이 전체 맥길대학에서 동양인 교수는 매우 드문데 그것이 학생들에게는 문제가 되지 않는다는 것이 더욱 신통했다.

맥길대학은 '캐나다의 하버드'라고 불릴 정도로 학생들은 캐나다 최고의 자부심을 갖고 있다. 이 점은 맥전이 한국의 서울대 공과대학 출신이라는 입장과도 같을 것이다. 그러니 내가 귀국하여 교편을 다시 잡게 된다면 그들을 다시 만나게 될까?

맥전은 한국전쟁 당시 해군에 지원 입대하여 병기감실을 통해 해군본부의 특별명령을 받고 해군기술연구소 창설 장교로서 진해로 부임했다. 그곳에서 동경공업대에서 전기화학을 전공한 김재원 대위, 그리고 친구 이태녕의 동생이자 서울대에서 물리학을 전공한 이동녕 소위(*이동녕은 해군에서 영국으로 유학까지 보냈으며, 후일 포항방사광가속기 건설의 주역이 됐다) 등 6·25전쟁 전후 한국의 가장 유능한 선배와 후배들을 연구소 연구원으로 끌어들였다. 또 손원일孫元一 해군 참모총장이 직접 기술고문으로 원자폭탄 장치의 가능성을 검토하여 일본인 기술자의 정체를 탐문하기도 했으며, 이후 해군사관학교 화학 교관으로 잠깐 있다가 제대 후 서울공대 강사로 재임했다.

그때 서울공대 강사는 교수사회에서 가장 낮은 신분이었지만 한국의 최우수 학생들을 가르쳤던 일은 매우 뜻깊은 기회였다. 그 기간은 2년에 불과했지만 학생들과 진리를 탐구하는 열정적인 두 해를 보낸 것이 두고두고 기억에 남는다.

1954년 6월에 미국 MIT로 건너온 뒤 11~12년이 지난 지금 나는 무엇을 하고 있는가, 맥전은 깊이 생각해본다. 이제 캐나다에 와서도 4년이 되어 가는데 내가 제대로 길을 걸어가고 있는 것인가?

'Awarded to Professor Wan Y. Chon, for Excellence in Undergraduate Teaching1965~1966' 이라고 적힌 머그잔을 가슴에 안고 행복스럽게 옆 좌석에 앉아 있는 아내를 보면서 맥전은 깊은 생각에 빠져들었다.

'Excellence in Undergraduate Teaching' 그것이 나의 궁극적인 목표였나? 매년 증가해온 연구비로 이제는 세 명의 박사학위 대학원학생 조수들도 생겼지만 그래, 그것이 진정 나의 목표였나?

나 자신 1955년, 그러니까 꼭 10년 전 서울신문에 「이 나라의 原子爐」라 기고하지 않았던가. 그때의 정신은 어디 갔는가? '原子力 한국'을 꿈꾸었던 생각은 어디로 갔는가. 주위에서 일어나고 있는 축제의 환호 소리는 이제 잡음으로만 들려왔다.

최형섭 박사의 갑작스런 맥길대학 방문

어느 날 **최형섭**崔亨燮/1920. 11. 2~2004. 5. 29 박사가 예고도 없이 몬트리올의 맥길대학을 방문하였다. 그는 곧 한국으로 돌아갈 것이라고 했다. 당시 그는 인디애나 주에 있는 노틀담 대학에서 박사학위를 받은 직후였다.

인디애나와 몬트리올은 상당한 거리가 있었기 때문에 그는 단순한 이유로 온 것이 아니었다. 과연 그는 맥전에게 "자기는 곧 한국으로 돌아가는데 같이 돌아갈 생각이 없느냐"고 묻는 것이었다. "그렇게 급히 한국으로 돌아가 무엇을 할 것인가?"를 물었더니 "과학기술처장관 자리가 자신을 기다리고 있다"고 했다.

맥전이 미소 지으며 "자신이 당장 한국으로 돌아간다면 무엇을 할 수 있는가?"를 묻자 그는 맥전에게 "원자력연구소장 자리가 기다리고 있지 않겠느냐"며 웃으며 대답했다. 그래서 맥전은 "정치적 배경도 없고, 그럴 능력도 없다"고 말했다. 그러자 그는

"누구는 처음부터 재주가 있어서 그러겠어. 해보면 다 되는 것이지."

당시 원자력연구소가 이미 생겼고 연구용 원자로TRIGA Mark-II도 들어간 상태여서 맥전의 귀국만 기다리고 있다는 이야기는 듣고 있었다. 하지만 이같이 적극적으로 갑자기 초청이 올지는 몰랐다.

최 박사가 점심이나 같이 하면서 이야기를 계속하자며 연구실을 나와 교수회관으로 가면서도 맥전은 생각하고 있었다. 우선 원자력연구소는 과학기술처 산하에 있었지만 곧 없어졌다는 것이다. 더욱이 나는 조교수 자리에서 겨우 부교수가 되었는데 최종 목표인 정교수가 못된 채 귀국할 것인가? 당시 나는 원자력연료 쪽에서도 엘로라도원자력은 캐나다 정부의 크라운사 원조를 받고 프레드릭 친이라는 유능한 대학원생을 데리고 플루토늄 추출의 중심이 되는 기술을 연구 중이었다. 캐나다는 미국과 달리 외국인이라도 이런 기술에 깊이 참여할 수 있었다. 이 같은 기회를 버리고 한국에 돌아가 개소한지 얼마 되지 않은 원자력연구소에서 행정적인 잡무 속에 매장되어야 한단 말인가. 미국 이민법 때문에 할 수 없이 캐나다에 왔지만 이곳에서 취득할 기술은 따로 있고, 나는 그 길을 순조롭게 걷고 있는 것이 아닌가?

최 박사는 교수회관에서 점심을 함께 하면서도 나의 대답을 기다리는 것 같았다. 그래서 맥전은 식사 후 차를 함께 마시면서 최 박사에게 말했다.

"최 박사, 이것저것 생각해보았지만 나는 역시 가던 길을 그대로 가는 것이 좋다고 생각해요. 오늘 이렇게 찾아줘서 정말 감사해요. 나는 기왕 학계에 들어왔으니 끝까지 해 볼까 합니다. 제가 좀 더 남은 기술을 배우고 정교수까지 되고 말이오."

맥전은 피식 웃었다. 최 박사도 같이 웃어 주었다. 참 좋은 분이다. 한국에 돌아가서 예정대로 과학기술처를 맡아 8년간이나 공직에 있으면서 대덕과학단지를 상상에서 현실로 실현시켰다. 나중에 맥전이 한국에서 다시 만났을 때는 절친한 친구가 될 수 있었다.

교수에게 반드시 경칭을 붙이는 예의바른 맥길대학 학생들

9월로 들어섰다. 새 학기가 시작된 것이다. 한센 교수는 학교의 3, 4학년 수업에 맥전을 데리고 가서 소개했다. 그는 맥전이 미시간대학을 졸업하고 로드아일랜드대학과 뉴브런즈윅대학에서 가르친 경험이 있는 교수라고 소개하며 그점을 강조했다. 또 맥전 교수는 정확하고 단정한 영어만 쓰는 사람이고 'this stuff, that stuff' 같은 종류의 영어는 절대 쓰지 않는다고 말하며 피식 웃었다. 학생들도 폭소했다. 맥전도 살짝 미소를 지었다.

정확한 영어라 하면 맥전이 한때 급환에 걸려 로드아일랜드의 국립병원에 갔을 때 일이 생각난다. 그때 병원이 만원이라 첫날 밤은 병원 복도에 놓인 간이침대에서 잤는데 의식불명 중에도 링거를 맞으면서 다음날 아침까지 헛소리를 계속했다고 한다.

병실의 환자들이 그 다음날 아침이 되어 의식을 회복한 맥전에게 말하기를 "당신은 영국대학에서 교육받은 사람입니까?" 하고 물었다. "왜 그런 것을 물어봅니까?" 했더니 맥전의 영어는 영국식이라고 하는 것이었다. 말도 안 되는 소리라고 생각하면서 "그럴리가 있습니까? 나는 7년 전에 한국에서 온 사람인데, 헛소리를 영국식 영어로 할 수가 없죠"라고 말했더니 의사들은 내가 헛소리를 할때 영국식 영어로만 했다고 말해 주었다.

맥길대학 학생들은 미국의 학생들과 다른점이 많았다. 그 중에 교수에게 말할땐 항상 'Sir'를 붙였다. 군대에서 말하면 자기의 상관을 대하는 태도인데, 교수에 대한 학생들의 태도가 바로 그것이었다.

맥길대학은 영국 옥스퍼드대학이나 캠브리지대학에서 교수들이 안식년을 보내려고 1년씩 머무르기 위해 자주 오곤 했던 대학이다. 우선 이 대학에 와서 1학기 정도를 지내고 미국의 하버드대학, 예일대학, 미시간대학 등으로 갔다. 그래서 점심시간이 되면 교수회관에는 영국에서 온 교수들이 꽤 눈에 띄었다. 그런 이유인지 모르나 맥전의 영어는 차차 옥스피디안 영어로 바뀌어 갔다.

로드아일랜드에서 헛소리로 말했다는 영국식 영어가 한국의 중·고

등학교에서 배운 영어와 이 곳 맥길대학에서 생활하며 사용하게 된 영어가 혼합되어 옥스피디안 영어로 승화된 것은 자명한 일일 것이다. 어쨌든 헛소리를 영어로 한 것은 7~8년 동안의 미국생활 중 모든 것을 영어로 생각하고 고심했다는 증거일 것이다.

뜻밖의 충돌 | 전화벨 소리가 울렸다. 맥전이 수화기를 들자마자 굵은 목소리가 들려왔다.
"맥전 교수님입니까?"

그쪽의 목소리는 조금 위압적으로 들렸다. 나이 50을 조금 넘긴, 목소리일 것이라고 생각했다.
"그렇습니다. 맥전입니다. 누구시죠?"
"저의 이름은 아킨스인데, 화학과의 과장을 하고 있습니다."
"그렇습니까. 아킨스 교수님."
"네, 그렇습니다. 그런데 금년에 나온 강의 안내를 보니까 당신이 새로운 코스 두 가지를 준비하고 있던데, 이들 코스들은 이미 우리 화학과에서 가르치고 있습니다. 화학공학과에 있는 학생들도 듣고 있지요."
"그렇군요."
"그런데 코스를 중복하고 계신 것 아닙니까? 저는 당신이 미시간대학에서 교육을 받았다고 들었습니다. 저의 전문은 미시간대학의 메인케 Mainke 박사와 같은 것이지요. 활성화분석Activation Analysis이 저의 전문입니다. 그래서 메인케 박사의 강의를 들은 일이 있을 거예요."
맥전은 아킨스 교수가 하려는 말을 곧 이해할 수 있을 것 같았다.

"아니 아킨스 교수님. 저는 미시간대학 공과대학에서 공부했기 때문에 메인케 교수의 수업을 들어 본 일은 없어요. 그리고 활성화분석에도 흥미가 없어요. 제가 가르치려고 안내한 과목은 대학원생을 위한 과목인데, 공학에 응용한 것이 중심이 되는 것이지요. 공과대의 화학공학과 당신이 말씀하시는 화학과는 다르죠."

그들의 얘기는 계속됐다. 맥전이 아킨스 교수와 대화한 내용은 여기에다 모두 기술할 수 없지만, 전화를 끊기 전 그의 흥분된 목소리는 지금도 기억에 남아있다. '거만한 친구군' 하고 맥전은 생각했다. 그는 화학과의 과장이라 하니 정교수가 틀림없지. 맥전은 부교수밖에 안 되었지만, 아킨스 교수는 맥전 교수를 마치 어린아이 같이 취급했던 것이다.

아킨스 교수가 어떤 사람인가하고 화학공학과의 과장인 한센 교수에게 물어봤다. 맥전의 얘기를 듣고 있던 한센 교수의 얼굴이 경직되고 있는 것을 보고 맥전은 조금 이상하게 여겼다. 맥전의 얘기가 끝나자마자 한센 교수는 조용한 목소리로 말했다.

"맥전 교수, 아킨스 교수는 이 대학에서 실세입니다. 이 분의 기분을 상하게 만들어 놓고 이 대학에서 편하게 일할 수 없어요. 그는 현 총장이 은퇴하면 후임 총장으로 유력하다는 소문이 돌 정도로 부각되는 분입니다. 맥길대학은 명문이라고 하지만 사실 아주 작은 대학입니다. 미국의 대학과는 비교가 안 되고 이과대학과 공과대학이 별로 구별이 없단 말이죠. 아킨스 교수가 당신을 불렀다는 것은 그가 이미 공과대학의 캠벨 학장과 얘기했다는 것입니다. 캠벨 학장은 우리끼리 말하지만 아킨스 교수의 기분을 맞추느라고 쩔쩔매고 있습니다. 앞날을 위해서지요. 하여튼 조심하세요."

한센 교수의 충고를 들으면서 맥전은 생각했다. '아, 역시 구조적으로 사립대학에 이런 약점이 있구나. 캠벨 학장 뿐만이 아니고 한센 이 사람도 내년에 총장이 될 수 있는 사람을 두려워하고 있군' 한센 교수의 쩔쩔매는 태도가 맥전에게는 씁쓸하게 생각됐다.

그 가을, 문제의 두 개 코스는 개강됐다.

정치적인 캠벨 학장과 면담

맥전의 연구실에서였다. 대학원생 세 사람이 연구실을 차지하고 있었고, 그들 모두 맥전의 지도아래 박사과정 연구를 하고 있는 학생들이었다. 첸E.C.Chen 학생과 상의하면서 그가 만들어 놓은 액체-액체 추출장치를 점검하고 있을 때 전화벨이 울렸다. 공과대학 캠벨 학장의 전화였다. 비서에 이어 들려온 캠벨 학장의 목소리는 어쩐지 혹된 점이 있었다.

"맥전 교수, 저는 캠벨입니다."

"아, 학장님. 안녕하세요. 무슨 일로 손수 전화를 주셨어요?"
"할 말이 있어 전화를 걸었는데, 지금 얘기할 수 있습니까?"
"지금 학생들과 얘기하고 있는 중인데, 제 사무실로 가서 전화를 드려도 괜찮겠습니까?"
그리고 맥전은 자기 사무실로 돌아가 캠벨 학장에게 전화를 걸었다.
"사실은 기회가 생겨서 당신의 파일을 보고 있는 중입니다. 금년 학기 중에 선생 연구비에서 두 달분의 급여를 받고 있었습니까?"

"그렇습니다."

"자신의 연구비에서 본인의 월급을 받는다는 일은 이제까지 공과대학에서는 없었던 일이에요."

"학장님. 그것은 월급이 아닙니다." 맥전은 냉정히 말했다.

"미국에도 그렇고 캐나다에서도 그렇지만 대학 행정자로 되어있는 학장이나 과장은 12개월 동안 월급을 받지만 일반 교수들은 9개월에 상당한 월급밖에 받지 못하지 않습니까? 그러나 외부에서 연구비를 가지고 온 교수들은 보통 3개월간의 연구비를 받지요. 저도 그렇게 할 수 있었지만 캐나다의 대학교수들은 오타와에 있는 연방연구소에서 나오는 5천 불에서 1만 불 정도의 연구비와 학생 한 사람에게 주는 급료를 받는 것이 전부이니 자기 자신은 급료를 받을 수 없게 되죠. 저는 그런 점을 생각해서 3개월 대신에 2개월분만 제가 가져간 것입니다."

"학장님 18명이나 있었던 후보자 중에서 저를 채용해 준 것이 4년 전인데, 그때 저에게 말씀하신 것 기억하십니까? 이곳의 화학공학과는 구식이니까 미국식으로 바꿔 달라고 요구하신 것 기억하시죠? 저는 열심히 일하고 있어요. 이전에 봄 학기에도 학내 월보에서 보셨겠지요. '대학교육의 우수성' 이라고 '대학협회' 에서 표창까지 받았지 않습니까?'

맥전은 상기된 듯한 학장의 마음을 풀어 주기 위해 시종일관 차분한 어조로 대화를 계속 이어 나갔다.

"조금 전에 학장님께서 전화 주셨을 때 연구실에서 학생들과 같이 일하고 있었는데, 그것은 포트호프에 있는 엘도라도원자력과 계약연구입니다. 금년이 2년째여서 좋은 결과가 나오고 있습니다"라고 설명해 주었다.

캠벨 학장은 마음에 들지 않는 모양이었다. 무엇인가 그를 괴롭히고 있는 듯 했다. 나중에 생각해 보니 엘도라도원자력의 연구과제에 캠벨 학장 자기 이름도 어떤 명목으로든 들어가야 한다고 생각하고 있는 것은 아니었을까. 그가 기계공학과 동료인 헤이스트 교수와 같이 하고 있는 장거리 로켓포 연구에 지도교수로서 참가하고 남쪽 캐리비안 해에 있는 바르비아도 섬의 연구실에 왔다 갔다 하고 있는 사실을 알고 있었지만, 화학공학과라고 하는 전혀 생소한 분야에서 지도교수를 하고 뭔가를 받아내려고 하는 것이 아닌가 하는 생각도 들었다. 그렇지 않으면 아킨스 교수와 대화를 나눈 후 맥전을 괴롭히려고 압력을 가하고 있는 것은 아닐까? 온갖 잡다한 생각이 들었지만 캠벨 학장 스스로 생각을 바꾼 것은 틀림없어 보였다.

그해 맥길대학의 학부생들에게 최우수 교수라 해서 표창을 받았고 또 그의 연구는 다른 누구보다도 잘 진척이 되어 각계각층에서 대학의 이름을 높이며 상당히 두각을 나타내고 있었다. 대학 학장 자리를 유지하기 위하여, 또 가까운 장래에 총장이 될 것으로 생각되는 사람에게 방해가 된다고 해서 그를 외면할 수 있을까? 너무나 정치적이라는 게 맥전이 내린 결론이다. 캠벨 학장은 대학원에서 받은 학위도 없이 그저 영국 사람이라 해서 식민지였던 나라 캐나다의 맥길대학 학장이라는 지위를 얻은 것이다. 그가 걸어 왔던 지금까지의 길이 정치적이었음이 맥전에게는 모두 이해가 되었다.

몇 년 후 들은 이야기지만 아킨스 과장은 맥길대학 총장 자리를 받는 데 실패했다고 한다. 대신에 물리과 과장이고 사이크로트론 설비를 책임지고 있던 폴 박사가 총장이 됐다고 한다. 폴 박사는 진짜 학자고 진실

된 인격의 소유자이며 맥전의 친구이기도 했다.

'브라보, 맥길대학!'

캠벨 학장을 연구그룹에 넣어준 기계과의 헤이스트 교수는 장거리포 기술과 그에 따르는 화약 기술을 이라크 정부와 교섭하다가 모국의 스파이에 의해 어느 중동국가의 호텔 엘리베이터 안에서 암살 당했다고 한다. 이 사실은 CBC 뉴스에도 나왔다. 그래서 캠벨 학장도 파면이 되어 맥길대학을 떠나 토론토의 어느 직업학교 교장으로 갔는데 수년 전에 타개했다고 들었다.

화학공학과 과장 한센 교수도 은퇴한지 1~2년 밖에 안 된 66세의 나이에 사망했다. 선량하지만 약한 사람이었다. 원칙 없이 앞날의 편리만을 보고 움직이는 자들의 말로를 시사하는 사건들이다.

뉴욕주립대에서 온 편지

다음해 1967년 1월 초 어느 날이었다. 뉴욕 주 버팔로 시에서 한 통의 편지가 왔다. 발신자는 인터 디스프레너리 스터디스라 적혀있었고 그 밑에 뉴욕 주립대 버팔로라고 적혀 있었다. '무슨 일인가' 열어보니 다음과 같은 글이 적혀 있었다.

캐나다 퀘벡 주 몬트리올 시맥길대학 화학공학과
맥전 W.Y. 교수

맥전 교수님께
저는 여기 주립대학 인터 디스프레너리 스터디스의 과장으로 있는 리드 교수라고 합니다. 저의 과에는 4개

프로그램이 있습니다. 공학과학(Engineering Science), 항공공학, 원자력공학 그리고 생물공학입니다. 현재 우리들은 원자력공학을 강화하여 박사과정을 설치하려고 합니다. 현재는 학사, 석사 과정만을 제공하고 있습니다. 당신의 출신교인 미시간대학이 아주 훌륭한 원자력공학과를 가지고 있어 그분들과 접촉하고 있는데 그들에 의하면 당신이 현재 당신의 전공도 아닌 화학공학을 맥길대학에서 가르치고 있다고 합니다. 계속해서 맥길대학에 계실 생각인가요? 아니면 미국으로 돌아오셔서 저희들의 원자력공학과를 도와주시면 어떻겠습니까? 만일 그런 생각이 있으면 곧 알려주세요. 같이 만나서 얘기하고 싶습니다.

– 리드 교수

편지의 취지는 대개 이런 것이었다. 그리고 주립대학이 현재 갖춘 여러 가지 설비와 환경에 대해서도 적혀 있었다. 펄스타Pulstar라고 하는 출력 3메가와트의 원자로를 중심으로 환대그라 설비라든가 방사화학 실험실 등등… 맥전은 놀랐다.

그러나 핵공학을 전공한 맥전으로서는 이것은 기대하지도 않았던 절호의 기회였다. 그것도 모교인 미시간대학에서 추천을 해서 말이다.

맥전은 미국과 핵공학에 대한 향수를 느꼈다. 그렇다. 캐나다에 대한 미련을 버리고 미국으로 돌아가야겠다. 맥전은 전화 수화기를 들어 미국의 리드 교수에게 전화를 걸었다.

그런데 캐나다에 온지 어언 6년째, 그는 수개월 전에 캐나다 시민권까지 받지 않았던가?

뉴욕주립대
원자력공학과
초빙교수로

한 달 뒤인 1967년 2월, 버팔로 비행장에 맥전이 내렸다. 몬트리올 도벨 공항에서 약 1시간밖에 걸리지 않는 짧은 거리였다. 예약해 놓았던 호텔에 여장을 풀자마자 리드 박사에게 연락했다. 리드 박사는 곧 호텔을 방문했다.

그는 몸집이 크고 맥전보다 서너 살 가량 많아 보였으며 듬직했다. 몬트리올 맥길대학의 한센 교수나 캠벨 교수에 비하면 훨씬 젊은 사람이었는데 맥전을 만나게 된 것을 반가워 했다. 그와 차를 마시면서 이런저런 얘기를 나눴다.

그는 25~26명이나 되는 교수들로 연계종합학interdisciplinary 4개의 프로그램을 운영할 정도로 그릇이 컸다. 맥길대 이과대학 소속이면서도 공과대학 소속인 맥전을 자기 생각대로 컨트롤 하려는 아킨스 교수가 새삼 떠올라 비교가 되었다. 또한 이과대학의 그런 행태에도 아무 행동도 취하지 못하고 벌벌 떨기만 하던 한센 교수와 정치적 관점에서 차기 총장에게 잘 보이려고만 하던 캠벨 학장을 다시 한번 생각하지 않을 수 없었다. 물론 다수의 단과대학을 이끌어 나가기 위해서는 학내의 암투가 있었을 것이지만, 하여튼 리드 박사는 거물임에 틀림 없었다.

다음날 맥전은 약속대로 공과대학에 출근하여 좀 더 이야기하면서 20

여 명의 교수들과 점심을 같이 하기로 약속했다. 회식장소는 Route 1에 있는 유서 깊은 레스토랑이었다. 12시가 되어 계속해서 레스토랑으로 들어오고 있는 20여 명의 교수들은 맥전과 가볍게 인사하고 큰 원탁에 둘러앉았다. 대부분 40대의 교수들로 가장 일을 열심히 하는 나이이다 보니 쾌활하고 활기가 넘쳐 있었다. 맥전에 대해서는 이미 소개가 있었던 것 같았다.

"버팔로는 외형이 몬트리올보다는 못하지만, 캠퍼스가 완성되면 세계에서 제일 큰 곳이 될 것입니다"라고 맥전 옆에 있던 교수가 말했다.

이것은 현재 캠퍼스가 몬트리올의 맥길대학보다 작은 것에 대한 열등감과 장래에 대한 기대를 표시한 것이라고 맥전은 생각했다.

"맥길대학도 그리 큰 대학은 못 됩니다. 뉴욕주립대 메인 캠퍼스와 비슷 할 것 같습니다. 의과대학 포함해서 약 3백 에이커 쯤 될 겁니다."

"언제쯤 캠퍼스가 완성되는 것입니까, 어느 정도의 크기죠?"하고 맥전이 물었다.

그 교수는 옆 동료와 잠깐 얘기하더니 맥전에게 대답했다.

"지금 약학대학 건물이 벌써 들어서 있고 곧 법과대학 건물이 착공됩니다. 우리 공과대학 건물도 7년쯤 뒤에 완공되는데요. 전체 캠퍼스가 1200에이커정도 되는데 지금 우리들이 있는 메인캠퍼스의 약 세 배쯤 될 겁니다."

회식 중간에 취미에 관한 얘기가 나왔다.

"어떤 취미를 가지고 계신가요?" 한 사람이 물었다.

맥전은 대답했다.

"역시 북쪽 나라에 살고 있으니 스키죠. 얼마 전에 제가 데리고 있는 대학원 학생 둘과 버먼트 주에 있는 제이 픽에 갔다 왔습니다. 약 두 주일간 제이 픽에서 스키를 배우고 왔지요. 그런데 재미있는 것은 왼쪽으로 회전하고 싶으면 상체를 오른쪽으로 돌려야 한다는 것입니다. 상체와 스키가 붙어있는 하체가 반대로 기능한다는 거죠. 그렇지 않으면 몸 전체의 평형을 얻을 수 없으니까요. 슬라이드 스톱 연습도 했습니다. 평행스키의 대체를 배우고 왔어요."

맥전은 의자에서 일어나 평행스키 과정을 흉내냈다.

모두가 웃었다.

맥전도 같이 웃었다.

그날 오후 맥전은 무엇이든지 어떤 제목을 가지고 강의를 해도 좋다고 공식 제안했다. 그러나 그것은 불필요했다.

대신 리드 교수가 맥전을 데리고 새 캠퍼스의 이곳저곳을 안내해 주었다. 펄스타라는 연구용 원자로가 있는 서부뉴욕원자력연구소Western New York Nuclear Research Center를 견학했다. 차 안에서 리드 교수에게 대학의 여러 가지 사정을 물어봤다.

공과대학의 학장과 핵공학과의 책임교수가 새로 부임해야 될 것이라고 했다. 거기에 맥전이 초빙된 이유가 있었던 것 같았다.

맥전은 맥길대학에서는 부교수였지만 이 곳에 오기 위해서는 정교수 대우를 해 줘야만 된다고 리드 교수에게 말한 적이 있다. 리드 교수는 뉴욕주립대에 오시게 되면 2만 불 정도의 연구장려비가 대학에서 나올 것이라며 그 이상은 곤란하다며 난색을 표했다.

그날 밤 맥전은 몬트리올로 돌아왔다.

〈

모교인 미시간대학에서
맥전의 일거투일투족을
파악하다

버팔로를 방문하고 나서 수일 후에 리
드 교수에게서 전화가 왔다. 과의 다른
교수들과 상의한 결과 다음과 같은 조
건으로 맥전을 초빙하기로 결정했다고
했다. '지금은 그대로 부교수이지만 2년 후인 1969년에는 학교내 정교
수회의의 비준을 거쳐 총장에게 정교수 추천을 하겠다'는 것이다. 연봉
에 대해서도 언급이 있었는데, 버팔로에 오는 보너스로 2만 불에 달하는
시설을 맥전이 원하는 대로 설치해 주겠다고 했다. 맥전은 생각할 시간
을 며칠만 달라고 했다. 물론 전공한 원자력공학과로 돌아올 수 있고 새
로운 코스를 만들어 마음껏 일할 수 있다니 교수 초빙을 바로 허락하고
싶었지만 이 역시 신중히 생각해 보는 것이 좋겠다고 맥전은 생각했다.

모교인 미시간대학에서는 당시 맥전의 동향에 대해서 속속들이 알고
있었는데 참으로 놀라운 일이 아닐 수 없었다. '1960년에 학위를 마친
뒤 7년간의 동정을 일일히 알고 있었다는 것이 아닌가? 미시간대학을 떠
나서 로드아일랜드대학으로, 캐나다의 뉴브론즈윅 주립대학을 거쳐, 맥
길대학으로…. MIT에 왔을 때 교환방문자로 왔고, 방문비자 문제가 해
결되지 않아 캐나다까지 오게 됐는데…'맥길대학에서는 부전공으로 하
고 있는 화학공학을 맡고 있다는 것까지 모두 알고 있었다. 그런 사정을
버팔로의 리드 교수에게 알려 준 것이 미시간대학이었다니 과연 미시간
대학의 누구였을까? 지금까지도 이 사실은 미스테리이다.

맥전은 앤 아버를 떠난 1960년 이래 동창회에서 회보를 받은 것은 몇
번 안 되고 그 뒤로도 바빠서 한번도 모교에 연락을 하지 못했다. 자신의

출신학교를 동양에서는 모교라고 말한다. 매년 들어오는 신입생을 가르치는 것만도 벅찰텐데 학교를 떠난 학생에 대해서까지 정보를 가지고 있는 교수들.

맥전은 마더 컴플렉스mother complex를 미시간대학에서 느꼈다.

생각해보면 맥전은 옛날부터 어머니에 대한 회한으로 가득 차 있었다. 지금 캐나다에서 미국으로 돌아가 전공인 원자력공학의 길로 돌아오는 것은 어머니와 같이 미시간대학이 힘을 써준 것이라고 생각하니 뉴욕 주립대학의 초빙을 재고할 필요도 없었다. 곧장 허락하고 미국으로 돌아갈 준비를 해야겠다고 마음 먹었다. 다음 날 맥전은 리드 교수에게 '오퍼를 허락한다' 는 전화를 했다.

맥전의 부친은 일본에서 대학을 마치고 항일단체에 가입했다. 부친은 2차 세계대전 말기에 북한지역에 있었던 평양 숭실전문학교에서 교편을 잡았었다.

그 당시 경찰의 감시가 무척 심했는데 어느날 갑자기 만세운동에 참석했다는 이유로, 황해도의 주모자로 지목되어 3년간 옥살이를 했다. 그 후 맥전의 부친이 옥사하고 어머니는 소학교 교사를 하면서 생활을 유지해야 했다. 어머니는 평양여고를 졸업한 북한 출신으로 아주 엄격한 신세대 여성이었다. 어머니는 늘 엄격했지만 맥전에게는 훌륭한 어머니로 지금도 기억에 생생하다.

맥전에게는 항상 잊을 수 없는 기억이 하나 있다. 여덟 살쯤 되던 해였다. 어느 캄캄한 밤, 잠을 자다가 문득 눈을 뜨고 보니 거실에는 불이 환히 켜져 있었고 어떤 남자가 옆에 앉아 있었다. 어머니는 보이지 않았다. 그 남자는 맥전에게 말했다.

"너희 엄마는 지금 경찰서에 가서 조사를 받고 있다. 엄마가 오실 때까지 나는 잠깐 이곳에 있겠다."

맥전은 어린 마음에 아버님 사진이 걸려 있던 벽을 흘깃 쳐다보았다. 사진은 없었다. 그러나 책장의 책 사이에 그 액자가 숨겨져 있었다.

다음 날 아침 어머니는 초췌한 모습으로 집에 돌아왔다. 하룻밤 내내 고문을 받고 돌아온 것이다. 몸을 거꾸로 달아매고 고춧가루가 들어 있는 매운 물을 콧구멍으로 들이부으면서 아버지가 숨어 있는 거처를 대라고 고문했다고 한다. 아버지의 거처를 모르겠다고 끝까지 버텼다고 자랑스럽게 말하는 어머니는 하룻밤 사이에 스무 살이나 더 늙어 보였다. 그리고나서 수개월이 지나 아버님은 체포되고 말았다. 그후 어머니는 입버릇처럼 "나는 오래 살지 못한다"고 맥전에게 늘 말해왔다.

어머니는 고문을 받은 후에 위장이 나빠지고 혈압이 높아져 1961년 61세의 연세로 소천 하셨다.

맥전이 미시간대학에서 박사학위를 받고 1년 뒤의 일이었다. 미시간대학과 모친…. 맥전이 갖게 된 어머니에 대한 회한이다.

화학공학에서 원자력공학으로 회귀
– 원자력연료서비스 회사에서 짧은 경험

뉴욕주 서북쪽 웨스트 벨리West Valley라는 곳에 '원자력연료
서비스'라는 회사가 있다. 이 회사는 세계 유일의 민간이
소유한 사용후핵연료 처리공장이었다. 퓨렉스 방법을 써서
이미 사용한 핵연료에서 플루토늄 등 몇몇 유용한 방사성 원소들을 추출해
내는 일을 하며 1970년 초까지도 조업 중이었다. 그러나 점점 확산하는 세
계 각국의 퓨렉스 방법과 원자탄 제조에 관한 관심을 보이고 있던 미국 정부
가 그러한 민간조업을 오랫동안 허용할 리가 없었고 급기야 폐쇄론이 대두
되었다.

그러한 사정을 지켜보고 있었던 맥전은 뉴욕주립대학교에 부임한지
얼마 되지 않은 어느 여름 날, 3개월 동안 그 공장에서 컨설팅 엔지니어로

일하고 싶다는 의견을 공장 책임자에게 전했다. 그러자 그 쪽에서 의외의 답이 왔다. 허락을 해 준 것이다. 그래서 맥전은 그해 6월부터 8월까지 3개월 동안 그곳에서 일할 수 있게 되었다. 다만 그 공장이 위치한 웨스트 벨리는 버팔로에서 약 90마일쯤 되는 먼 거리에 위치해 있었기 때문에 매일 통근하기가 어려웠다. 맥전은 고민 끝에 특별교섭을 하여 공장에서 가까운 한 야외 유료 캠핑장 중 제일 한적한 곳을 골라 주말을 제외한 주중은 사용하기로 했다.

캠퍼^{침대차}를 새로 구매하여 고물이 되어가는 승용차를 폐차시켰다. 한여름을 야외에서 생활을 하면서까지 되도록이면 이 공장에서 조업을 많이 하려고 했던 이유는 기술을 최대한 더 많이 파악하려는 의도였다. 캐나다에 오래 있었으면 엘도라도원자력과 접촉이 더 진전되었을 것인데, 그것을 못하고 왔으니 그 부분을 다만 3개월 동안이라도 보충하자는 생각이었다.

이 공장에는 당시 공장 책임자 외에 기술자가 2명 더 있었는데 이 공장의 말기를 나타내는 현상이 뚜렷했고 또 퓨렉스의 중심부인 Pulsea column 液體−液體 추출 시스템이 폐쇄된 고준위방사성물질실^{Hot Lab} 내에 완전히 격리되어 있어서 조작 상태를 자세히 파악하기가 힘들었다. 그래서 그들 기술자들이 풀지 못한 잡탕 문제들을 풀어주다가 3개월을 보냈다.

큰 실망 속에 여름을 보내고 나니, 그 동안에도 화학공학에 대한 흥미는 점차 사라지고 10여 년 전에 공부했던 핵공학에 대한 흥미가 다시 생겼다. 이것이 캐나다 맥길대학에서 '화학공학' 적 환경에서 다시 물리적인 지금의 새 환경으로 이전하는 자연적인 변이 현상일까? 하여튼 원자력공학은 광범위 하다. 그러므로 여러가지 경험을 쌓는 것도 매우 중요한 일이다.

2만 불과 신임 학장

맥전이 버팔로로 이사 간 것은 그해 여름이었다. 가을 신학기를 대비하여 아파트를 빌렸고 아이들이 다닐 학교도 결정했다. 메이폴가에 있는 트윈페어라고 하는 잡화점과 제이시페니 백화점을 오랜만에 쇼핑하면서 맥전은 그리움에 젖었다.

대학에 가 보았다. 여름강좌로 대학은 아주 활기차 보였다. 건물은 고풍스러웠지만 오고가는 학생들과 교수로 보이는 사람들의 표정은 아주 밝아 보였다. 이 대학은 뉴욕 주 북서쪽에 위치하고 있는 주립대학으로 사립대학에 비하면 학비가 아주 싸서 뉴욕시에서 온 학생들이 많았다. 외국 학생들도 눈에 많이 띄였다.

리드 교수가 편지를 보내왔다.

'미국 정부는 다섯 개 대학을 지정하여 특전을 주어 그곳에 오는 외국학생들에게 학비를 특별히 감면해 준다' 고 한다.

맥전은 리드 교수의 사무실을 방문했다. 과 사무실을 지키는 여비서 바바라와 인사를 나누고 있는데 사무실 안에서 리드 교수가 나타났다.

"버팔로에 오셨군요" 그는 매우 반가워했다.

맥전은 리드 교수와 악수를 했다. 둘은 리드 교수의 방에 들어갔다.

몬트리올을 떠나 이곳 버팔로에 정착했다는 얘기까지 진전됐다. 한참 얘기를 나누던 중 리드 교수가 말했다.

"이곳 공과대학 학장이 당신의 임용이 결정된 두세 달 후에 새로 부임해 왔습니다."

"예, 그래요. 어떤 분인가요?"

"보스턴에 있는 하버드 대학에서 부학장을 하던 우드워드 교수인데 여기 오기로 됐어요."

"리드 교수 당신이 유력한 학장후보가 되리라고 저는 생각 했는데요. 이곳에 종합학과는 가장 큰 학과가 아니었나요?"

"예, 사실은 저도 학장 후보자 중의 한 사람이었죠" 리드 교수는 솔직하게 시인하면서 미소를 지었다.

"하버드대학에서 부학장을 지냈다는데 어떤 일을 했다는 겁니까?"

"아주 대단한 일은 아닌 것 같아요. 학부 내의 교수진 수업시간 조정이라든가…" 리드 교수는 돌연 생각이 난 듯이 말했다.

"아하, 그렇습니다. 내가 당신에게 약속했던 2만 불을 새로 부임하는 학장이 자기가 쓰겠다고 말하더군요."

"예, 제 2만 불을 그 분이요?"

"그렇습니다. 그가 학장으로서 하버드에서 이곳에 오는 조건으로 수만 불을 요구했는데 돈이 부족하다고 불평을 하면서 제가 당신에게 약속한 2만 불도 달라고 하는 겁니다. 그러는 사이에 상당히 분위기가 험악하게 되었지요. 그러나 결국은 제 의견이 받아들여져서 맥전에게 줄 2만 불을 지킬 수 있었어요" 리드 교수는 호탕하게 웃었다.

'아하, 또 이런 일이 있었구나'라고 맥전은 생각했다. '돈 때문에 신임학장과 싸우게 되는 것은 아닌가? 물론 리드 교수의 주장대로 돈은 나에게 준다고 했지만 두 신임 교수가 돈 때문에 싸움을 한다는 것은 좋은 모양새가 아니겠구나' 라고 생각했다.

"하여튼 그는 이상한 사람이에요. 보스턴에서 자기 조수까지 데리고 왔어요. 그래서 그 조수도 여기에 와 있어요."

'조수라고, 아마도 비서겠지?' 맥전은 생각했다. '비서를 보스턴에서 데려오다니, 버팔로에서 충분히 새 조수를 구할 수 있을 텐데 좀 이상한 일이다. 아마도 유능한 비서겠지?

우드워드 학장과	누군가가 자기 자신의 심복이라 신뢰할 수 있는
지낸 2년	사람이라면 처음부터 데리고 와야 했을 것이다.

보스턴에서부터 자기 자신을 잘 알고 비밀을 지키며 일할 수 있는 누군가를 데리고 오지 않을 수 없었다는 것은 다시말해 버팔로에서 고를 수 있는 후보자로는 도저히 만족할 수 없겠지.

그의 심복은 도서관학 학사 학위를 가지고 있는 안나 마리아라는 여성이었다. 안나에게는 남편이 있었고, 그 남편도 버팔로에 내려왔다. 상당한 보수를 그녀가 받았겠지. 그리고 남편의 일자리도 보장되었다는 소문이었다. 그들은 색다른 삼인조였고 캠퍼스 여기저기에서 늘 화제의 주인공이 되어있었다. 매일 아침 안나 마리아와 우드워드 학장은 아주 조그마한 스포츠카인 포르쉐를 타고 출근했고, 저녁때 퇴근도 같이 하는 광경은 보수적인 버팔로 사람들에게는 이상하게 보일 수 있었을 것이다.

따라서 이들은 아주 사이좋은 부부 같은 느낌이 들 정도였다. 사실 그들은 오피스 커플이었음에 틀림없었다. 둘이 함께 있지 않을 때는 거의 없었기 때문이다. 우드워드 학장은 새로운 대학에 와서 그곳의 교수진들과 친해지려고 하는 노력은 전혀 하지 않았다. 처음 2년간 그는 학장실 이외에는 교내 어디에도 살펴보는 일이 없었다. 한 차례의 친목회도 열지 않았다고 맥전은 기억하고 있다. 학장과 안나 마리아가 차지했던 공간은 학장실과 대학의 일부인 그들이 쓰는 화장실밖에 없었다고 할 수 있다. 다시 말해 완전히 둘은 왕따가 되어 있었다.

　1년 뒤 공학부의 도서관학과를 신설한다는 발표가 있었다. 공과대학 내에서는 "공과대학 내에 도서관?"
　모두가 머리를 갸우뚱했고, 모 교수는 말했다.
　"이는 안나 마리아의 바람이겠지! 그녀가 석사학위를 받게 말이지."

　물론 지금은 남녀평등의 시대이다. 그래서 안나 마리아에 대해 여러 가지 억측을 하는 것은 잘못된 일이지만, 누구나가 다음과 같은 변화를 이상하게 생각하는 것은 사실이었다. 즉 그녀의 타이틀이 달라졌다는 것이다. 지난해에는 학장 보조역이라고 되어 있었는데, 올해에는 부학장이 되었던 것이다. 일종의 승진이라고 말할 수 있겠지. 이상스럽게도 그녀가 공과대학 안에서 실세가 되어가고 있었다.
　뉴욕 주립대학의 공과대학 안에 맥전이 속한 종합연계학과 외에 기계공학과, 전기공학과, 토목공학과가 있었는데 모두가 전통적인 공학과들이다. 뉴욕 주에서 제일 큰 주립대학으로서 주의 사업을 기초로 하고 이를 지지할 의무가 있는 대학이다. 하버드대학은 사립대학으로 그의 명

성은 세계적이지만, 주립대학과 같은 투철한 사명은 없다. 그래서 하버드 대학은 MIT의 영향때문에 공과대학으로서는 건전한 발전을 할 수가 없었다.

맥전이 하버드대학 공과대학을 견학했을 때 이런 환담을 주고받은 적이 있었다. 뉴욕 주립대학은 미시간대학 등 다른 저명한 주립대학처럼 주립대학으로서 발전해야 한다고….

뉴욕 주립대학의 진로, 적어도 공과대학의 진로는 이미지가 필요한 사립대학과 달라 대학이 자리 잡은 주의 필요한 산업을 지지하고 그에 필요한 인재를 키우는 것에 있는데 지금 이 공과대학의 진로는 무엇인가 잘못되어 있다고 생각했다.

| 맥전의 교수법 | "Hello, Professor McChon!" 누군가 뒤에서 불렀다. 맥전이 뒤돌아보니 원자력공학과 4학년생인 케빈이었다. |

"How are you, Kevin!" 힘차게 대답했다. 맥전의 목소리는 언제나 명랑하고 활기에 넘쳤다. 건강하다는 증거겠지.

"이번 학기 강의 평가서가 나왔습니다"라고 말하면서 케빈이 갖고 있던 조그만 책자를 보여 주었다.

"평가서라니? 그것이 무엇인데?"

맥전이 궁금해 하며 물었다.

맥전은 가끔 학생회관에 가서 점심을 먹는데, 학생들 사이에 끼어서 식사하는 것을 언제나 즐겁게 생각했다. 이번엔 케빈이 이상한 눈빛으로 맥전을 바라보았다.

"이제까지 강의 평가서를 본 적이 없으세요?"

"없어요. 좀 보여주세요. 아하! 이것이 정말 강의 평가서이구나. 가르치는 분들에 대한 평가서군요. 별로 기분 좋은 일은 아닌데…"라며 맥전이 웃으면서 말했다.

"내가 가르치는 강의도 있어요?"

"있고 말구요."

케빈은 빙그레 웃었다.

"여기가 원자력공학과에 대한 것이고 다음에 원자력공학 시스템이라고 계속해서 있지요. 선생님은 3.83을 받았다고 나와 있어요. 4점 만점인데 아주 좋은 평가입니다."

"아하, 그래요. 그래도 3.83이 별로 기분 좋게 들리지 않는데…"

맥전이 좀 서운하게 생각하면서 대답했다.

"별로 좋지 않다고 말씀하시는 거예요?"

케빈은 다음과 같이 말했다.

"S교수의 공학기구학만이 3.30이고 대부분 교수님들의 강의는 2점에서 3점 사이입니다. 학생들의 채점은 엄격하거든요. 이 강의평가를 보세요. 3.83이잖아요."

케빈은 책자를 보여주며 말했다. 케빈과 헤어지고 나서 맥전은 생각했다.

'강의가 좋다는 평가가 났다고…!'

맥전은 그의 부친이 대학교수였고 모친이 교사였다는 사실을 생각해

냈다. 모친이 재동국민학교 6학년을 담임하고 있을 때 그 반의 반에 가까운 23명이 서울에서 제일 명문인 경기여고와 창덕여고에 합격하여 전국의 초중등계를 놀라게 한 적이 있었다. 초등학교에서 한두 사람이 이들 학교에 들어가면 자랑이었는데, 한반에서 23명이 들어갔으니….

끝까지 기록으로 남을 수 있는 숫자였다. 그러나 유감이지만, 그들은 맥전의 아버지가 어떤 교수였는지 알 리가 없다. 맥전이 어렸을 때 돌아가셨기 때문이다. 가르친다는 것 자체가 맥전 일가의 전통일지도 모른다고 생각했다. 가르친다는 것이 어떤 사람에게는 그리 쉬운 일이 아닌 게지.

맥전이 한국에 있을 때 대학의 수학과에 최 교수라는 분이 있었다. 그분이 흑판에 무언가를 쓸 때에 그분의 몸이 학생들 시선을 가려 무엇을 쓰고 있는지 학생들은 전혀 볼 수가 없었다. 그리고 자기가 흑판에 적은 것을 학생들이 보는 게 무서운 듯 쓴 것을 얼른 지워버렸다.

그러던 어느 날 학생들이 항의를 했다.

"아하, 그랬습니까? 미안합니다"하고 말하고 혼신의 힘을 다해서 다시 흑판에 쓰지만 또 자기의 매너리즘으로 돌아가곤 했었다. 최 교수는 일본 동경대 수학과를 나온 아주 실력 있고 선량한 신사였지만 교수로서의 자격은 안 된다고 평가했던 게 모든 학생들의 공통된 의견이었다.

맥전은 학생시절에 강의조교와 강사로서 노스캐롤라이나 주립대학과 미시간대학에서 자신이 가르쳤던 강의를 생각해 보았다. 평점은 낮았지만 평가는 좋았다. 그리고 맥길대학에서는 학생들로부터 최고 교수상Best Professor Award까지 받지 않았던가! 그는 홀로 만족감에 도취한 채 창밖을 바라보고 있었다.

뉴욕주립대학교에
원자력공학과 신설을 맡은 맥전

1969년 봄의 일이다. 버팔로 남쪽에 코넬 항공연구소가 있다. 지금은 이름이 켈스판^{Calspan}으로 바뀌었지만, 제2 차대전 때는 당시 유명한 항공회사였던 커티스 라이트 Curtis Wright에 속한 연구소였다.

1969년 당시에는 뉴욕 주 이사카 시에 있는 코넬대학의 연구소였다. 버팔로 시에는 여러 개의 회사가 있었는데 큰 회사는 드물고 연구소를 가지고 있는 회사는 그리 많지 않았다. 맥전은 항공공학 기술자는 아니었지만 이 코넬 항공연구소의 컨설턴트로서 일주일에 한번씩 출근해서 일을 도와주고 있었다.

대학에서 파견나와 있는 컨설턴트로서 적당한 직책이 주어졌다. 맥전은 책임기술자Principle Engineer로 있었다. 항공공학에서도 열공학적 문제가 많았는데 맥전은 열공학 문제를 주로 취급했다.

미국은 주립대학 교수를 평가하는 데 4개의 조건이 있다.

첫째, 교수로서의 성적

둘째, 학과 내에서의 공헌

셋째, 사회봉사

특히 주립대학에서는 이것이 중요하다.

마지막으로는 우수한 연구다. 맥전이 우수한 교수라는 데는 누구도 의의가 없었겠지.

첫째 조건은 충족할 수 있겠다.

둘째 조건 역시 맥전은 자신이 있었다. 즉 맥전은 처음에 요청받은 바와 같이 주립대학에 원자력공학과 박사과정을 신설하고 키우는 것이 그가 맡은 임무였다. 그래서 2년 동안 필요한 대학원 과정을 모두 마련했고 젊은 조교수 2명을 미시간대학과 캘리포니아대학에서 추천받아 채용했다. 필요한 7~8명의 교수진이 모두 부임한 것이다.

셋째 조건, 즉 사회봉사에 대한 것은 버팔로에 있는 코넬 항공연구소에서 한 일과 관련이 있다. 원자력공학분야와 사회봉사를 연결해서 생각하기란 대단히 힘든 일이다. 특히 대규모 열교환시설이 필요한 열공학 연구에서는 주에서 지원해준 2만 불 정도의 돈으로는 어림도 없는 것이다. 그 돈으로는 장래 필요한 기초 설비밖에 구입할 수가 없었다.

미국에서는 대학에서 주는 특별한 기금이 조성되지 않아 일반적으로 외부에서 연구자금을 끌어들여야 하는데, 교수 자신의 돈을 쓰지 않을 수 없는 모순이 있다. 연구제안을 준비하는데 적어도 4~5개월의 문헌 조사가 필요했고, 그런 연구제안서를 4~5편 정도 작성하고 신청서를 준비해서 여기저기 유망한 협찬사에 내어 그 중의 한 곳에서라도 피드백이 오면 대성공이었다.

미국에서 대학교수의 고충은 일본, 한국, 캐나다의 대학교수들로서는 상상도 못할 일이다. 버팔로에서 비가 오는 중에도 자신의 캠퍼를 운전해 수도 워싱턴 DC로 가서 호텔비를 절약하기 위해 사람이 적은 곳에 주차하여 거기서 자고, 다음날 아침 국가 연구원에 가서 거만한 관료들에게 자기가 하려는 연구내용을 설명해야 했다.

특히 원자력공학에서는 상대가 국립기관인 경우가 많고 이들 기관에서는 예산이 있으면 내부에서 자기들이 먼저 쓰려고 했기 때문에 외부로 기금을 주는 경우는 거의 없었다.

맥전이 총액 92만 불 연구비를 캘리포니아 팔로알토에 있는 EPRI에서 받아 5년간 장기 연구를 통해 원자로의 안정성에 대한 연구를 했는데 그것은 한참 지난 뒤에 일어난 일이고, 1970년 경에는 서너 개 연구 신청을 여러 기관에 보낸 후 교섭에 고심하고 있을 때였다.

교섭에 쓴 비용은 모두 맥전의 주머니에서 나온 것이고, 가난한 주립 대학에서 나온 돈은 처음 받은 2만 불밖에 없었다. 미국대학 교수의 생활이 힘들다는 것을 여실히 보여주고 있는 셈이다.

맥전은 호텔비를 절약하기 위해 캠퍼에서 잤고 다음날 아침 방문하는 기관의 화장실에서 세면을 하는 일이 많았다. 대학교수 생활이 자본주의 국가 미국에서는 얼마나 열악한지 여실히 보여주는 부분이다.

맥전은 집에 처와 아이들이 넷이나 있었고, 당시 연구비라는 것은 미국 주립대학에서는 전무全無했다. 교섭에 필요한 여행자금을 각 개인에게 맡기고 있는 미국대학의 취약한 부분에 대해서는 여러 가지 생각이 많았다. 대학교수라고 하면 적어도 조금은 풍족할 수 있을 것 같은데 사실은 가난함에 찌든 직업이 아닌가 하는 생각이 들곤 했다.

꼭 하나 맥전이 위안으로 삼는 일은 교실과 연구실에서 학생들과 연구하며 같이 생활하고 생각하는 즐거움, 진리를 탐구하는 순간에 느끼는 한없는 희열, 이것만이 그를 교수생활에 묶어 두었고, 그가 가는 길이 옳다고 스스로 여기는 이유일 것이다.

단지 경제적인 측면에서 바라본다면 가르친다는 직업이 자본주의 사회에서는 가장 최악의 직업임이 틀림없다. 한국의 옛말에도 있지 않은가? '선생의 똥은 개도 안 먹는다고'.

정교수회의
추천을 받다 | 거의 대부분 대학에서 다 그렇겠지만 부교수에서 정교수로 올라가는 단계는 아주 중요하다. 본인으로 볼 때 대학교수로서 가질 수 있는 최종 단계로 올라가는 것을 말하며, 테뉴어Tenure, 정년 보장제도 즉 영구 직위를 받은 것이 되는데 65세 혹은 70세까지도 일할 수 있게 되는 것이다. 정교수를 결정하는 통례는 각 과의 추천으로 선임된 후보자의 명부를 전 공과대학내 정교수가 모인 회의에서 추천을 거쳐 대학 총장에게 제출하는 것이다. 뉴욕 주립대학에서는 주립대학으로서는 극히 이례적인 민주주의적인 방법을 채택하고 있었다.

1970년 공과대학 전체에서 승진후보로 선정된 사람은 모두 여섯 명이었다. 이들 대부분은 조교수에서 부교수로 승진한 사람들이었으며, 이 가운데 어떤 이는 부교수로 그대로 남아 있었지만, 거기서 테뉴어를 받는 사람들도 있었다. 부교수에서 정교수로 올라간 후보자는 맥전밖에 없었다. 이 여섯 명 가운데 맥전은 가장 유력한 후보자로 명부가 총장에게 올라갔다고 들었다. 몬트리올 맥길대학에서 이곳 주립대학으로 옮길 때의 약속대로 정교수에 추천된 것인데 특히 1순위 후보자가 된 것은 학과장 리드 교수가 강력히 추천했음에 틀림없고, 지난 2년 반 동안 원자력공학 박사과정에 필요한 인재를 끌어들이고 화학공학과와 기계공학과의 교수, 학생들과 잘 협력한 것에도 이유가 있을 것이다.

토목공학과에는 존 허들스톤John Huddleston이라는 동료가 있었다. 그는 정교수인데 전에 버팔로에 와 있었던 사람이었고 아주 호탕하고 자유주의 사고를 가진 교수였다. 맥전은 정교수회의에서 승진에 대해 나누게 된 토론 내용을 허들스톤 교수로부터 전해 듣고 있었다. 말하자면 그는 정교수들과 맥전 사이를 연결하는 역할을 했다.

나중에는 공과대학 학생들과 맥전 사이를 연결하는 역할도 하였다. 정교수들은 모두 테뉴어를 갖고 있었는데 부교수들 중에도 테뉴어를 갖고 있는 사람이 몇 명 있었다. 교수로서 강의와 연구 둘 다 잘하는 사람은 정교수가 될 수 있었지만 강의만 하며 그리 출중하지 않는 부교수는 그것으로 대학을 떠나게 된다. 연구를 하지 않더라도 가르치는 교수법이 출중한 부교수들 가운데 테뉴어를 받은 사람도 있기는 하다. 이러한 사람들이 테뉴어를 받았다는 것은 그 자체가 승진이라 할 수 있다.

2년 전 버팔로로 올 때 약속한 대로 맥전은 정교수로 추천되었는데 총장의 추천에 의해서 정식으로 정교수 승진 발령을 받을 것이라고 모두가 생각하고 있었다. 후보자 제1순위로서 승진에 아무 문제가 있을 것 같지 않았다.

우드워드 학장의 부당한 개입

정교수회의 추천이 대학 총장실에 올라가 공과대학의 중핵을 이루고 있는 정교수 20명의 일치된 의견이 전달되었다고 생각한 그때 대학본부로부터 놀라운 소식을 전해 들었다. 공과대학 우드워드 학장 급히 총장실을 방문해서 몇 사람의 승진을 반대했다는 소식이었다.

이 소식에 의하면 추천자 중 제일 위에 있었던 맥전과 밑에 있었던 다른 두 사람과 함께 모두 세 사람의 승진이 영향을 받을 것이라는 것이다. 갑작스런 소식을 듣자마자 맥전은 놀랐다. 어떻게 대학 행정가들은 이런 무지한 일을 할 수 있단 말인가.

대학의 행정은 대학의 구성에 있어서 중핵을 이루고 있는 교수진과 어느 정도의 학생위원들을 포함해서 이루어져야 한다고 맥전은 생각하고 있었다. 대학의 행정은 소수의 행정자가 절대 다수를 이루는 교수들이 생각하고 있는 것을 가능하면 지지하여 다수가 이루고자 하는 것을 일치시킬 의무가 있는 것이다. 한두 사람의 행정 실무자가 멋대로 생각하여 다수의 의견을 무시하는 것은 가장 비민주적인 일이지 않는가.

뉴욕 주립대학 공과대학의 20명 정교수 모두는 자기가 전공하는 각 분야에서 대학을 경쟁력 향상을 시키고자 하는 사람들이다. 귀중한 시간을 바쳐 작성한 성적을 한 사람의 학장이 제멋대로 반대하고 주립대학으로서의 사명을 가지고 있는 대학을 보스턴에서 데려온 여자 부학장과 상담하면서 교란시킨다는 것은 아주 잘못된 일이다.

맥전은 자기가 신뢰하고 있는 허들스톤 교수와 만났다. 정교수를 대표하는 그는 이 소문을 최초로 맥전에게 알려준 사람이었다. 그는 언제 만나도 낙천적인 사람이었다. 맥전은 자기의 생사가 걸려 있는 일인데도 왠지 유쾌한 기분이었다. 두 사람 모두가 낙천적이어서 그런 건 아니었을까.

맥전은 과거 2년간 주립대학의 입장을 이해하고 일해 왔기 때문에 전혀 후회가 없었다. 최선을 다하였기에 남은 것은 결정을 기다리는 것 뿐이었다.

"어떤 심정으로 계십니까?"

허들스톤 교수가 물었다.

"우선 우드워드 학장이 이 결정에 개입하고 있다는 사실을 확인 하겠습니다. 제일 좋은 방법은 그와 직접 얘기하는 것이겠죠. 왜 학장이 개입해야만 하는지 1대1로 학장과 대화해야 되겠죠. 나는 그에게 주립대학의 학장으로서 부적절하다는 말을 해줄 것입니다. 존, 이것은 1대1 대화가 될 것이지만 나는 그의 생각을 바꿔볼 생각이에요. 뉴욕 주는 미국의 10분의 1을 차지하고 있습니다. 따라서 주가 가지고 있는 원자력시설과 원자력발전소도 많습니다. 주립대학 중에서 제일 큰 대학은 인재를 키우고 기술적 지원을 제공할 당연한 의무가 있는 것이죠. 학장과 대면해 이러한 일들을 토론하는 것은 아주 중요하다고 생각해요. 그는 아직

주립대학과 사립대학의 차이점을 알지 못하고 있어요."

맥전은 대답했다.

허들스톤 교수는 맥전의 얘기를 듣더니 아주 좋아하는 기색이었다.

"맥전 교수의 자신 있는 말에 나는 깊이 감동했습니다. 우리들 정교수회로서는 당신의 확신 있는 태도를 지지하고 마지막까지 싸우려고 생각합니다. 민주주의는 이기지 않을 수 없습니다. 그러니 우리들의 접근방법이 이기리라 확신합니다."

학장과 담판 | 맥전이 동료 허들스톤 박사와 만난 며칠 뒤 일요일 아침이었다. 교수전용 주차장에 주차하면서 일요일이라 텅 빈 주차장에 차 한대가 또 주차되어 있는 것을 보았다. 우드워드 학장의 조그만 포르쉐 였다. '오케이, 오늘은 만나야지' 맥전은 혼자 생각을 했다. 그래서 사무실에 들르지 않고 곧장 학장실로 갔다.

학장실 문 윗부분은 반투명 유리로 되어 있다. 사무실에 들어가면 오른쪽에 안나마리아의 책상이 있고 왼쪽에 학장의 방이 있는 것을 맥전은 알고 있었다. 문을 가볍게 두드렸다. 무엇인가 방구석에서 소리가 나고 사람 그림자가 반투명 유리 옆으로, 오른쪽 안나마리아 쪽으로 뛰어가는 것이 보였다. '이게 무슨 일인가' 오히려 속으로 놀라며 맥전은 자기가 문을 두드리는 바람에 어떤 일이 벌어진 것은 아닌가 생각했다. 5초, 10초, 15초, 그리고 약 20초가 지난 후에 왼쪽 문에 남자의 그림자가 반투명 유리로 보였다. 아무 말도 없이 그 남자는 문을 열었다. 우드워드 학장이었다. 아주 근엄한 얼굴을 하고 "아, 맥전 교수인가요, 무슨 일로 오셨죠?"

묘하게 들리는 마른 목소리였다. 맥전은 대답했다.

"예, 지금 학장님과 대화를 하고 싶어 왔습니다. 갑자기 방문해서 죄송합니다."

"좋습니다. 어서 들어오세요."

그는 무엇인가 결심한 얼굴이었다.

"어서 앉으십시오."

그는 의자를 권했다. 맥전은 학장 앞에 앉았다.

"아니 일요일에도 나와서 일하십니까? 아주 열심이시네요!"

이런 맥전의 말에 학장은 쓴웃음을 짓고는 말을 이었다.

"요새는 아주 바빠서요. 정해진 시간만 일을 해서는 안 되지요. 그런데 맥전 교수는 무엇을 말하려고 오셨나요? 어서 말씀해 보세요."

"고맙습니다. 학장님."

"들은 이야기입니다만 학장님이 저의 승진과 테뉴어에 대해서 정교수회에서 결정한 일을 총장님에게까지 가서 방해했다는 소식이 들리던데 이것이 사실인가요?"

그는 일사천리로 맥전은 말했다. 그 순간 학장의 얼굴에 긴장하는 빛이 엿보였다. 학장은 천천히 말했다.

"그대로입니다. 내가 총장님께 말씀을 드려서 당신의 승진을 중지시켰습니다."

"왜죠, 학장님? 제가 첫 번째 순위로 추천되었다고 들었습니다만."

맥전의 목소리는 의외로 침착했다.

"그래요. 당신의 이름이 추천장 맨 위에 있었습니다. 그러나 내가 내린 조치는 당신의 성적에 대해서가 아니고 제가 이 공과대학을 운영하는 방침에 따른 것이에요. 지금은 당신이 학과의 중심이라는 것을 잘 알고 있습니다. 그러기 때문에 당신의 승진을 중지한 것입니다. 그런데 저는 옛날에 국제원자력위원회의 회장으로 일해서 GE라든가 WH의 중역들을 알고 있습니다. 당신이 이 대학을 그만두고 원자력공학을 중심으로 하는 이들 기업으로 갈 경우에 제가 당신에게 유리한 추천을 해 드릴 수도 있겠고…."

순간 맥전은 그의 말을 가로막았다

"아녜요, 학장님. 기업체로 갈 마음은 조금도 없습니다. 기업체로 간다는 말씀은 꺼내지도 마세요."

맥전은 계속해서 말했다.

"학장님, 나는 당신이 잘못된 자리에 있다고 생각합니다. 이곳은 하버드 같은 사립대학이 아니에요. 주립대학입니다. 주립대학에서도 가장 공과가 유명한 버팔로 캠퍼스입니다. 그만큼 주에 대한 책임이 무겁습니다. 지금 미국 전체에 원전이 150개가 있는데 그중의 10분의 1은 이곳에 있습니다. 거기다가 스케나티디에 있는 GE라든가 WH, 롱아일랜드에 있는 브룩헤이븐국립연구소를 합하면 원자력공업에 필요한 인재는 상당할 겁니다. 그것을 이 대학에서 육성해야 되는 것이 의무라고 생각합니다. 주립대학의 예산은 주에서 내는 것이니 그만큼 대학의 행정관은 그 점을 유의하지 않으면 안 됩니다. 한마디로 말해서 당신이 공과대학 학장이라고 하는 것이 문제가 되는 것이에요."

맥전의 말은 여기서 끝나지 않았다.

"내 승진을 저지해서 이 대학의 특성을 죽이려고 하는 당신의 정책이 세상에 알려지면 당신의 위치가 문제가 되지 않을까요."

순간 우드워드 학장의 표정이 달라졌다. 그가 맥전을 보고 있던 얼굴은 부하를 보는 거만한 태도였는데 그런 모습은 더이상 보이지 않았다. 기회를 놓치지 않고 맥전은 계속해서 말했다.

"우드워드 학장님, 당신은 나를 쫓아내어 원자력공학과를 폐지하려는 것입니다. 그렇다면 원자력공학과를 구축하기 위하여 일부러 이곳에 온 저로서는 다른 선택을 할 수밖에 없어요. 나는 이제 당신에게 전쟁을 선언합니다. 당신의 의도를 모두 알겠습니다. 이 캠퍼스에 있는 학생들과 교수들이 당신의 의도를 알게 되면 어느 쪽에 동의할 것 같습니까. 나는 불합리한 당신과 싸우겠습니다. 그리고 결과를 기다리겠습니다."

맥전은 의자에서 일어났다.

뒤쪽에서 걱정스럽게 보고 있던 안나 마리아에게 차가운 목례를 하고 학장실을 나왔다.

**동맹휴교를 이끈
학생 대표들과의 설전**

다음날 맥전은 허들스톤 교수의 방에 들렀다. 허들스톤 교수에게 어제 있었던 학장과의 대화를 알려 주려고 했는데 놀랍게도 그의 방에는 여러 학생들이 그를 둘러싸고 무엇인가 열심히 이야기 하고 있었다. 맥전이 들어가자마자 허들스톤 교수가 말했다.

"여기에 오신 분이 원자력공학과의 맥전 교수입니다. 여러분, 학생들이 시작 하려는 동맹휴교는 맥전 교수 같은 우수한 교수를 지지하고 우리 공과대학을 유지하기 위해서 아주 중요한 일이죠."

모두가 박수를 쳤다.

맥전은 갑작스런 일이라 당황스러웠으나 허들스톤 교수의 말을 금방 이해하고 학생들이 보내준 따뜻한 갈채에 머리를 숙여 고마움을 표했다. 학생들이 맥전을 둘러쌌다. 토목공학과, 전기공학과, 기계공학과 그리고 종합연계학과 즉 모두가 공과대학 학생들이었다. 모두 손을 내밀어 악수를 청했다.

"오늘 오후부터 전 공과대학 학생들이 학장의 잘못된 정책에 대해 동맹휴교에 들어갑니다. 교수님 걱정 마십시오. 모든 공과대학 학생들이 동맹휴교를 통해서 선생님을 지지하겠습니다."

학생들이 흥분하고 있었다.

대학생들이 동맹휴교를 일으킨 것은 월남 전쟁을 반대했을때 뿐으로 그 뒤로는 본 적이 없지 않는가. 그리고 가장 보수적인 공과대학 학생들이 동맹휴교를 한다니! 맥전은 그런 학생들에게 말했다.

"여러분, 우리들을 위해 동맹휴교를 한다니 고마운 일입니다. 그러나 이러한 동맹휴교 때문에 여러분들의 공부가 중단되는 것은 걱정스런 일입니다."

그때 누군가가 뒤에서 말했다.

"맥전 박사님, 박사님이 그만 두신다면 누가 우리를 가르치겠어요?"

"그렇습니다"라고 모두 일제히 외쳤다.

이에 허들스톤 교수가 발언에 나섰다.

"맥전 교수! 학생들은 우선 일주일 동안만 동맹휴교를 할 것입니다. 그러면서 학장의 태도를 지켜보자는 것이니 너무 걱정할 것 없습니다."

학생들이 모두 나간 후 허들스톤 교수와 맥전 둘만이 남았다.

그는 허들스톤 교수에게 어제 있었던 학장과의 면담 결과를 말했다.

허들스톤은 기쁜 마음으로 듣고 있다가 마지막에 학장에 대한 맥전의 선전포고에 매우 좋아했다. 그는 말했다.

"내일 모레 영국 캠브리지 대학에서 가르치고 있는 윌슨 박사가 안식년을 우리 대학에서 지내려고 이곳 버팔로에 도착합니다. 그는 캠브리지에서 인간의 상호관계와 대학생존을 전공으로 하고 있는 분이에요. 정교수회의에서는 그가 도착하자마자 이번 일에 대해 조사해주기를 부탁하려고 하고 있어요. 학생들이 한 주일동안 동맹휴교를 할 때 그분이 오는 것이니 우리들로서는 아주 유리하게 되는 것이지요. 어쨌든 당신은 우리들 뒤에서 조용히 상황만 지켜보고 있으면 됩니다. 총장과 학장이 얼마나 친분관계가 있는지 모르지만 대학 정교수회의 힘에는 필적하지 못할 것입니다. 당신의 경우가 물론 제일 중요하지만 다른 두 사람의 경우도 있습니다. 학장이 물밑에서 다른 학과의 사람들과 교묘한 교섭을 했다는 증거도 있습니다. 그래서 윌슨 박사는 버팔로에 도착하자마자 아주 바쁜 날을 지내게 되겠죠."

동맹휴교는 진행 중

캠퍼스는 월요일부터 시작된 공과대학 학생들의 동맹휴교로 시끄러웠다. 학생신문 '스펙트럼'이 월·수·금에 발행되는데 매호 제1면에 동맹휴교에 대해서 보도했다. 종합연계학과의 맥전과 전기공학과 한 사람, 기계공학과 한 사람이 문제의 교수들이었는데 맥전의 일에 관심을 집중했다.

주 3회 발행하는 '리포터'지도 이 사건을 중요사건으로 취급해 내분 중에 있는 공과대학 문제를 집중취재하고 있었다. 대학 본부에서 발행하고 있는 '리포터'지가 이번 사건을 비교적 공평하게 취재하고 있다는 것은 맥전을 고무시키고 있었고, 이 캠퍼스에 민주주의가 살아 있다는

증거였다.

수요일의 '스펙트럼'은 그저 사실만을 보도했지만 금요일 신문은 과거 2년간 공과대학이 취한 정책에 대해 엄격한 비평을 하고 있었다. 동맹휴교의 발단이 된 것은 정교수회가 추천한 세 명의 후보들 테뉴어를 학장이 독단적으로 거부했다는 일이라든가 학장이 독단적으로 정교수회와 정면으로 대립하고 있는 일들을 상세히 보도했다. 동맹휴교 중에 공과대학 건물은 아주 조용했다. 가끔 대학원생들이 보였지만 이 학생들도 연구실이든가 사무실에서 자습하고 있는 정도였다. 그밖에 아무 소리도 들리지 않았다. 동맹휴교는 교내 학생들 사이에서는 완전 성공으로 끝났다.

한편 윌슨 교수는 영국에서 버팔로 시에 도착하여 짐을 풀기도 전에 정교수회의 방문을 받고 공과대학 내의 문제를 조사해 분쟁을 해결해 달라는 요청을 수락했다는 후문이 들렸다.

윌슨 교수는 천천히 버팔로에서 안식년을 즐기려 하였을텐데 간단하지 않은 일을 요청받은 셈이다. 대학의 행정자와 대학 교육의 중심을 이루는 정교수들 사이에 서서 심판 역할을 해야하는 윌슨 교수에 대해 맥전은 동정감을 금할 수 없었으나 그 영국신사는 언제나 자기말을 하듯 상대편이 공평성을 잊고 있었다면 이길 수 있을 것이라고 생각했다. 영국의 C.P. Snow의 The Affair를 회상하고 있었던 것이다.

1주일 동안 있었던 공과대학 학생들의 동맹휴교는 무사히 끝났다. 동맹휴교의 취지는 학교와 신문에 자세히 보도되었다. 동맹휴교 종료와 동시에 다시 공과대학은 바빠졌다. 교실과 실험실을 출입하는 수백 명의 학생들로 활기가 넘쳤다. 맥전도 일주일간의 비상사태가 있었던 때보다도 일에 더 열중했다. 학생들과 교수들은 더욱더 화기애애했고, 특히 학생들도 학교의 건전한 발전을 위해 한 몫을 했다는 자부심이 엿보였다. 수업시간에 학생들이 보여주는 태도가 이전보다도 훨씬 더 진지해졌다는 점에서 알 수 있었다.

윌슨 박사의 조사는 계획대로 착착 진행되는 것 같았다. 정교수뿐만 아니라 공과대학 교수들 전부가 윌슨 박사의 조사 대상이 되었다. 전체 조사가 3개월은 걸릴 것이라고 모두가 예상하고 있었다. 매일 여러 명씩 인터뷰 했다고 말하고 있었고 맥전도 윌슨 박사와 인터뷰하게 되어 있었다. 그때 맥전은 윌슨 박사를 처음 만났는데 첫 인상으로 그가 아주 온순한 사람일 것이라는 느낌을 받았다.

"맥전 박사, 무엇인가 말하고 싶은 것이 있으면 말씀해 주세요."

강요하는 분위기는 없었다.

맥전은 잠시 생각에 잠긴 후 말했다.

"윌슨 박사님, 버팔로에 오시자마자 저희들 일로 폐를 끼쳐 아주 죄송합니다. 제 자신이 직접 이 사건에 관련되어 있기 때문에 일체 논평을 피하려고 생각하고 있습니다. 다른 사람들이 저에 대해서 비평하는 것이 더 공평할 것 아닙니까? 그저 버팔로 시에 머무르는 동안 편하게 지내시기 바랍니다"라고 말할 생각이었는데, 윌슨 박사가 먼저 웃으면서 말했다.

"잘 알았습니다. 저는 제 일을 즐기고 있습니다."

아마도 이것은 가장 간단하고 짧은 인터뷰였을 것이다. 윌슨 박사는 역시 영국 신사라고 맥전은 생각하며, 공정한 결론이 나올 것이라고 생각했다. 며칠 뒤 7시 반쯤에 저녁을 끝내고 나서 아이들을 데리고 타운에 있는 트윈페어 슈퍼마켓에 갔다. 문을 여는데 갑자기 저쪽에서 안나 마리아가 오는 것이 아닌가.

맥전은 순간적으로 주저했으나 안나 마리아가 먼저 맥전을 의식하고 몸을 돌려 옆 매장으로 들어갔다. '적과 외나무 다리에서 만난다'는 속담이 이런 것을 두고 한 말이라는 생각이 스쳐 지나갔다. 그녀는 그녀의 미래에 대해 고민하고 있는지도 모르겠다. 먼저 어떤 인삿말이라도 할 걸, 아무 말도 못한 것이 아쉬웠다. 동시에 학장에게 마지막으로 말했던 맥전의 선전포고가 무엇을 의미하는가를 다시 한번 되새겨 보았다.

'그렇군! 서로가 친한척 위선적인 인사말을 할 필요가 없지 않은가. 그녀가 그렇게 행동한 것은 당연한 일인지도 몰라'

그때부터 한 달쯤 뒤에 공과대학 교수들이 모두 모이는 회의가 열렸다. 무엇을 얘기하려는 걸까 궁금해 하며 모인 교수들 앞으로 우드워드 학장은 근엄한 태도로 사회를 시작했다. 결국 허들스톤 교수를 앞으로 불러 세워 학생들의 동맹휴교를 이끈 책임이 있다며 비판했다. 허들스톤 교수를 심하게 책망하는 우드워드 학장에 대해서 맥전은 얼굴이 벌겋게 상기된 채 앞에 나서려고 의자에서 일어났다. 그때 옆에 앉아 있던 누군가가 살짝 손을 얹어 맥전을 제지시켰다. 바로 리드 교수였다.

"당신이 나설 때가 아니예요. 가만히 앉아 계세요."

그는 조용히 말했다.

허들스톤 교수는 차갑게 굳은 얼굴로 한 마디도 안한 채 자기 자리로 돌아갔다. 교수들 모두 이 광경을 조용히 지켜보았다. 그리고 회의는 끝이 났다.

조사 후 내린 윌슨박사의 결론 | 동맹휴교가 끝나고 약 3개월이 지났다. 학생들의 동맹휴교는 이제 옛날 이야기가 되어버리는 듯했다. 사람들의 관심에서 잊힌 듯했으나 윌슨 박사의 인터뷰는 계속되었고 인터뷰를 한 교수들을 통해 조사가 진행되고 있다는 것을 알 수 있었다. 그는 조용히 영국인 특유의 치밀함으로 일을 처리하고 있었다. 윌슨 교수는 영국인 특히 캠브리지인의 자부심을 갖고 이 조사를 하고 있음이 틀림없었다.

그러던 어느 날, 숙명의 날이 오고야 말았다. 윌슨 교수는 그때까지의 침묵을 깨고 공과대학 정교수 전원과 회합을 요구하는 교내 공문을 발송했다. 정교수회의에는 우드워드 공과대학장도 포함되어 있었다. 지정된 날에 공과대학 정교수 20명과 공과대학 학장이 한자리에 앉았다. 이야기를 들어보면 우드워드 학장은 이 회의 직전까지도 자신만만했고 웃으면서 회의실에 들어왔다고 한다. 맥전은 정교수가 아니어서 이 회의에 참석할 수 있는 자격이 없었지만 동료 교수 이야기에 의하면 윌슨 교수는 천천히 얘기를 시작했다고 한다. 그러나 일단 얘기가 본론에 들어가자마자 학장이 2년 동안 어떻게 행정활동을 해 왔는지 근엄한 태도로 비평을 시작했다고 한다.

"특히 맥전 교수같이 전력을 다하여 원자력공학과를 훌륭하게 만들려고 하는 사람에게 칭찬은 못해 줄 망정 당연한 승진과 테뉴어를 정교수회의에서 추천함에도 불구하고 총장에게 가서 이를 저지하려 했던 행위는 도덕적이지 못할 뿐만 아니라 이곳 대학의 학장으로서 창피한 일이다. 여기에 모여 있는 정교수들이 맹렬히 반대하고 있는 것은 당연한 일이다. 대학의 장래를 가장 잘 알고 있는 것은 교수들인데 한 사람의 행정자가 자기의 취향과 생각으로 결정한다는 것은 개인주의적 행동이며 그러한 행동은 근대 대학에서는 절대 받아들이지 못할 것이다"고 단정지어 말했다는 것이다.

그리고 2년간의 여러가지 물밑 교섭을 폭로하고 공과대학에서 일어난 비행을 가감없이 비평했다고 한다. 그 회의가 어떻게 진행되었는지 맥전에게 말해 준 동료들은 하나같이 "우드워드 학장은 학장으로서의 사형선고를 받은 것과 매한가지다"고 말하고 있었다.

며칠이 지났다.
윌슨 교수의 미팅 이야기가 알려지자마자 동맹휴교를 한 학생들은 맥전의 사무실에 축하의 말을 전하러 왔다. 부교수, 조교수는 물론이고 공과대학 내 기계공작실, 일반 기술지원 직원들까지도 맥전에게 손을 내밀고 축하의 악수를 청해왔다.

정의는 이겼다.
이 주립대학에서 정의가 움직이고 있다는 것이 확인된 것이다. 며칠 후 총장은 직접 맥전에게 정교수 승진과 테뉴어를 수여했다. 물론 동료 정교수들의 지지를 받고 맥전은 이곳 주립대학에서 정교수가 된 것이다. 이것이 보통 다른 대학에서는 아무 문제없이 순조롭게 되었을 텐데. 그때가 1970년이다.

1960년에 미시간대학에서 박사학위를 받고나서 꼭 10년째, 2년 전에 몬트리올 맥길대학을 떠나 이곳 주립대학으로 옮겨 왔을 때 약속된 정교수가 예정대로 된 것이다.

우드워드 학장은 그 학기부터 자기의 갈 곳을 찾느라고 아주 바빴다고 한다. 워싱턴 DC에 있는 어떤 연구소, 아이들 장난감의 안전성을 검사하는 모 연구소를 찾아서 버팔로를 떠났다고 한다. 그해 5월쯤 안나마리아와 그의 남편도 함께 떠났다고 한다.

축하연회 | 맥전의 승진에 대해서 정식으로 통지가 있은 지 일주일 뒤에 리드 교수의 집에서 승리를 축하한 연회가 있었다.
종합연계학과 교직원들 20여 명과 그들의 배우자들까지 합해서 약 40명 정도가 참석한 아담한 파티였다. 분위기는 즐거운 축하 그 자체였고 맥전부부가 강단에 올라가자마자 리드 교수의 부인이 나와 "우리 과의 타이거가 왔습니다"하고 말하면서 맥전부부를 껴안았다. 네 사람은 포옹해주며 웃으면서 즐거워했다.

리드 교수는 "우리 과의 타이거다"고 몇 번씩 되풀이했다. 먼저 와 있던 다른 사람들이 의자에서 일어나 "승진을 축하합니다, 타이거!"라고 모두 외쳤다.

이때부터 맥전의 별명이 타이거가 되었지만 맥전으로서는 자기를

'몽고말'이라고 불러주었으면 좋겠다고 생각했다. 거의 모두가 모였을 때 리드 교수는 맥전의 승리를 축하하고 건배할 것을 제안했다. 그래서 모두가 건배했다.

맥전은 이에 대해서 "이제까지 저를 지원해 주신 것에 대해 진심으로 감사드립니다. 우리 과에 민주주의가 영구히 살아 있을 것을 원하면서 또 한 번 건배합시다!"고 제안했다.

그래서 또 모두 다 건배했다.

그러나 맥전은 알고 있었다. 정교수회의 절대적인 지지가 없었다면 또 윌슨 교수의 공평한 판결이 없었다면, 또 무엇보다도 정의감이 강한 학생들의 지원이 없었다면 이 싸움은 이기지 못했을 것이라고.

맥전이 한 일이라고는 그저 평소에 열성을 가지고 학생들을 가르치고 원자력공학과를 설립했다는 것뿐이었다. 즐거운 파티는 계속되었다. 사람들은 밤이 깊어가는 것도 잊고 모두들 떠들어댔다. 파티는 대성공이었다. 그 중에서도 맥전은 생각하고 있었다. 파티가 끝난 후 모두 집으로 돌아갈 때 차의 핸들을 붙잡고 있는 맥전은 말이 없었다.

그는 주립대학 버팔로의 원자력공학을 어떻게 육성할 것인가로 온통 머릿속이 꽉 차 있었다. 이번처럼 외부로부터 도전이 시작되어도 흔들리지 않고 탄탄하고 강한 프로그램을 어떻게 만들 것인가를 깊이 생각하고 있었다.

EPRI 프로젝트 보고서를 매년
한국원자력연구소에 보내다

1973년이 왔다. 맥전이 주립대학에 온지 7년째, 즉 첫 번째 안식년이 온 것이다. 안식년이란 '휴식을 취하는 해' 라는 의미다. 옛날부터 유대인이 매 7년째 1년 동안 휴식을 취하고 그다음해부터 새로 일을 시작하는 습관을 따라 행해지고 있는 행사였다.

대학의 친구를 통하여 코네티컷 주의 윈저 시에 있는 CE에서 기술자문 자격으로 6월부터 일을 시작하기로 되어 있었다. 안식년엔 1년 연봉의 반만이 대학에서 나오기 때문에 반년이 지나면 자기 대학으로 돌아오는 것이 통례였지만 맥전은 다음해 1974년 1월까지 CE에서 일하고 그 다음해 반 학기 즉 1974년 2월부터는 20년 만에 한국을 방문하기로 되어 있었다.

그래서 CE로부터 회답을 받자마자 맥전은 바로 폭스바겐 캠퍼에 캠핑도구와 매일 쓰는 일상의 휴대품을 정리해서 넣고 6월 중순에 코네티컷 주로 출발했다. 윈저 시에 도착해 보니 CE는 주차장 옆에 큰 호수가 있는 경치가 아주 좋은 곳에 회사 건물이 있었다.

다음날 원자로 안전과 과장인 조롱거 씨와 만나 일을 시작했다. 맥전에게 주어진 일은 '비상노심냉각계통의 동시주입'에 대한 것이고 문헌의 일부가 벌써 수집되어 있었는데 그것들을 종합하여 반년 동안에 결론을 내어 달라는 것이었다.

나중에 다시 얘기하겠지만 1986년 맥전이 한국에 있는 동안 한국전력공사가 최종적으로 결정한 시스템80이라는 원자로가 이 회사, 즉 CE 원자로로 낙찰될 것이라는 것을 맥전이 1973년에 어떻게 미리 예견할 수 있었을까.

원자로 사고에 있어서 가장 치명적인 현상인 원자로 1차 축 파이프 파열에 의한 제1차 냉각수가 상실됐을 때 원자로 중심부 냉각 능력 상실을 방지하기 위해서 비상냉각수를 주입하는데 CE의 시스템80 방법으로는 아랫부분에 있는 프래넘을 통하면 되지만 일단 그 효율을 끌어올리기 위해 윗부분의 프래넘에 비상냉각수를 주입했을 때 전체 효율이 어느 정도 달라질 수 있는가를 연구하는 것이 맥전이 해야 하는 일이다.

사고가 일어났을 때 주입되는 비상냉각수에 대응하여 원자로 내 연료의 원자로 부분의 온도가 어떻게 달라지는가 하는 것인데 CE에서는 이미 예비적인 자료가 있었고 그것을 분석하여 결과를 내야 하는 것이 맥전의 과제였다

CE에서 행해진 실험 자료가 있었지만 충분하지 않아 맥전이 하는 일은 많은 제약을 받을 수밖에 없었다.

CE가 실행한 '비상냉각수 동시주입에 관한 실험'과 그 결과가 불충분했기 때문에 실험결과 분석이 진행되면 될수록 총체적인 결론은 더 힘들게 되었다. 회사의 원자로 설계단이 어떤 결정을 하기 위해서 알아야 할 사항이 있었기 때문에 그것에 대한 답을 얻기 위해 빠르지만 충분치 않은 실험을 한 결과가 맥전에게 주어진 자료였다.

그는 개별적으로 행해진 실험결과를 분석하면서 총체적으로 동시주입을 위한 실험을 생각할 필요가 있다고 결론지었다.

이런 실험은 CE와 같은 당장의 이익을 목적으로 하는 영리기관에서 하기는 힘들 것이지만 대학의 기초연구로서는 대단히 좋은 제목이 될 수 있다고 맥전은 생각했다. 그래서 한계가 있는 회사 내의 실험결과를 결론짓는 반면 대학이 장차 실행할 수 있는 총체적인 시스템 효과에 관한 연구계획을 세웠다.

물론 원자로 상당부분을 모의실험 하기 위해서는 막대한 원자로의 출력을 생각할 때 무턱대고 덤빌 문제가 아니었다. 일반적인 과학실험은

수만 불로 할 수 있겠지만 이러한 대규모의 실험에는 1974년 현재 가격으로 볼 때 적어도 1백만 불이 예상됐다. 이 실험에 필요한 전력은 맥전의 공과대학 전체에서 쓰는 전력 수요의 3분의 1까지도 올라갈 수 있다고 추정했다.

이러한 대규모 실험은 대학이 아닌 국립연구소 같은 곳에서 해야 할 것이지만, 아이다호 주에서 한 UHI^{Upper Head Injection} 모의실험을 제외하고는 WH의 원자로 계통에 적합한 양식을 찾기가 어려웠다. 그리고 미국에서 가압식원자로 표준로로 되어 있는 것은 CE의 시스템80이지 WH의 원자로는 아니었다. 밤 10시, 11시, 12시까지 연구실에 나와서 생각해 보았지만 이 대규모 실험을 지원할 것 같지 않았다.

그래서 하루는 안전과에서 일하고 있는 로젠 박사에게 얘기해 보았다. 로젠 박사의 동생은 미국원자력위원회의 위원이며 한국에 다녀간 경험이 있었고, 로젠 박사 자신도 한국에 대해서 상당한 관심이 있었다.

로젠 박사는 맥전의 얘기, 즉 CE의 프로젝트를 버팔로에 가지고 가서 총체적인 연구를 해보겠다는 말을 듣자마자 그 말에 찬성했다. 그러나 그는 다음과 같이 말했다.

"맥전 교수, 이 회사는 영리를 추구하는 곳입니다. 이러한 기초연구 프로젝트를 지원할 여력이 없어요. 그러나 요즈음 발전하고 있는 EPRI는 대학에서 좋은 연구과제가 있을 경우에 그것을 장려하고 있습니다. 그러니 집에 돌아가시면 연구제안서를 넣어보세요. 아마도 그것이 가능성이 높아 보입니다."

이러한 조언을 듣고 맥전은 EPRI에 넣을 제안서를 준비하기로 결정했다. 가능성은 없더라도 그것이 유일한 방법이라면 시도해볼 수밖에 없었다.

안식년에 시작한 EPRI/SUNYAP 프로젝트

5년에 걸쳐 미국전력연구소가 원조해준 EPRI/SUNYAB 연구는 1980년 성공리에 끝이 났다. 그리고 이듬해인 1981년은 때마침 맥전의 두 번째 안식년이 되는 해였다.

EPRI내의 각 프로젝트 평가회의에서 프로그램 매니저인 더피 박사 Dr. Ron Duffey가 SUNYAB의 5년 간의 노력을 격찬했다는 말이 들려오고, 곧이어 맥전이 캘리포니아에서 안식년을 취할 무렵 EPRI로부터 컨설턴트가 돼 달라는 요청이 들어왔다. 맥전은 흔쾌히 승낙했다.

과거 13년 동안 이곳 버팔로에서 고생이란 고생은 모두 겪었던 맥전으로서는 기후 좋은 캘리포니아에 가서 휴식을 취하는 것도 나쁘지 않을 것이라 여겼다. 아니 무엇보다도 맥전은 한국과 조금이라도 가까운 곳에 있다는 것이 기뻤다.

물론 1년 후에는 버팔로로 돌아가 교편생활을 계속해야겠지만 적어도 5년 동안 원자로 안전성 중에서도 가장 중요한 ECCS에 집중적인 관심을 갖게 되었고, 이 방면에서는 최고의 전문가가 되었으니 한국에 가면 이 분야에서 공헌할 수도 있을 것이다.

원자력 분야에서 한국이 가장 긴요하게 여기는 분야가 ECCS 기술과 퓨렉스 기술이기 때문이다. 한국에서는 재처리를 못하게 되어 있으니 이를 미국 밖에서 완성해 보려던 맥전의 캐나다에서 노력은 중단되었지만 미국으로 돌아와 ECCS 기술은 획득한 셈이다.

그래서 과거 5년간 맥전은 EPRI/SUNYAB 프로젝트 진행 중에도 기술을 한국에 전달하려고 노력했다. 그는 매년 여름 미 NRC 주최로 메릴랜드 주 저먼타운에서 열리는 경수로 원자로 안전성 회의에서 나오는 회의자료들을 한국대사관의 OO과학관을 통하여 한국원자력연구소에 보냈다. 또 매년 나오는 EPRI 프로젝트의 보고서를 매년 원자력연구소 차종희車宗熙 박사에게 보냄으로써 차 소장이 새로 시작한 원자로 열전도 루프를 세우는데 도움이 되도록 노력했다.

그밖에 캐나다 오타와 대학에서 시작하려는 비슷한 프로젝트를 돕기 위하여 버팔로를 찾아온 한인교수에게 귀중한 자료를 모두 건네준 것도 바로 이때였다. EPRI프로젝트는 버팔로의 TV채널 4CBS에서 중계하여 지방에는 잘 알려져 있었지만 이를 CBS 본사가 알게 되어 미국 전체에 방송함으로써 결국 세계적인 지식이 되어버렸다. 그래서 인도에서 이 프로젝트에 참가하겠다고 희망해온 학생들도 있었으나 프로젝트가 거의 끝나갈 무렵이었기 때문에 성사되지 못했다.

윈저시에서 만난 인연 | 어느 초여름, 캠핑에 가장 적합한 계절이었다. 맥전은 CE의 주차장 한 구석에 캠퍼를 주차하고 그곳에서 자기로 했다.

구내 경비원이 기분 좋게 허락해 주었기 때문에 맥전은 매일 저녁 차에서 자고 아침에는 사무실 옆에 있는 화장실에서 세수하고 면도도 했다. 오후 4시반에 퇴근하는 일반 사원들과 달리 맥전은 밤 10시, 11시까지도 연구를 계속할 수 있었고, 그곳에서 취미로 해온 바이올린도 연습할 수 있었다.

아침이 되면 근처에 있는 하싸라고 하는 음식점에서 햄버거로 아침을 때우고, 또 매주 한 번씩 세탁물을 가지고 윈저 시내에 있는 세탁소에 가서 세탁을 하는 것이 일상생활이 되었다. 6월, 7월, 8월, 9월, 10월이 지나 12월이 되니 차디찬 침낭에서 자는 것도 힘들어져 지방신문에 안식년으로 CE에서 일하고 있는 교수가 방을 구한다는 광고를 냈다. 그랬더니 세 곳에서 응답이 왔다.

첫 번째 집에 가보니 '이게 무슨 일인가?' 11월 말인데 집 전체에 성탄절 장식을 하여 불을 활짝 켜 놓았다. 그곳의 주인은 50세쯤 되는 여성이었는데 함박 미소를 지으면서 맥전에게 집 전체를 보여주고 그 중 가장 큰 방이 맥전의 것이 될 것이라고 했다. 그런데 이 방에 걸려있는 그림의 반 이상이 남녀가 즐겁게 노는 광경이었다. 다시 말하면 요즘 말로 포르노그래피였다. 독신으로 살고 있는 여성입장이니 그런 그림이 필요할 수도 있었겠지만 맥전 이외에는 하숙할 사람도 없으니 그것이 무엇을 의미할 것인가. 맥전은 적당히 인사하고 집을 떠났다.

두 번째 집은 하숙은 아니지만 전문적으로 임대해 주는 곳이었는데 방값이 하루에 12불이라고 한다. 조용한 집을 희망하고 있던 맥전에게 는 그리 적당한 집이 아니었다.

세 번째 집은 그로이타스라고 하는 부부의 집이었다. 부부의 외아들 이 쓰고 있던 2층 방을 아들이 다 자라 집을 떠났기 때문에 빌려줄까 한 다고 했다. 아주 급경사진 계단을 올라가 맞은편 쪽에 방이 있었는데 그 방에서 보니 뒷마당 저쪽에 조그만 강이 흐르고 그 너머에는 산림이 우 거져 있었다. 그곳에서 CE의 사무실들이 보였다. 방에서 내려와 부부와 얘기했다. 그로이타스 씨의 부인은 맥전에게 말했다.

"이집은 남편이 직접 지은 집입니다. 다른 집들과는 달리 튼튼하게 지었죠."

"얼마를 드리면 될까요?" 맥전이 물었다.

"글쎄요, 자세히 생각해 보지는 않았지만 하루에 5~6불 정도면 어떤 가요?"

"하루에 5~6불이면 너무 싸지 않아요. 하루에 아마도 15불 정도는 받 아야 하지 않겠어요?" 이 말에 놀란 부부는 말했다.

"그것은 너무 비싼 가격이니 5불 정도만 주세요."

"글쎄요, 모르겠습니다. 역시 하루에 12불 정도는 받으셔야 제가 마 음 편히 지낼 수 있겠습니다. 그러니 하루에 12불로 해주세요."

이리하여 맥전이 들어갈 집이 결정되었다. 그 뒤 한두 달이 지난 어느 날 저녁 맥전이 회사에서 돌아와 현관에 들어서니 부엌에 그로이타스 부인이 혼자 시무룩한 얼굴로 서 있었다.

맥전이 물었다.

"무슨 나쁜 일이라도 일어났나요?"

"제 남편 프레드가 타운에서 스퀘어댄스 파티에 가서 춤을 추고 있거든요. 저를 이렇게 혼자 남겨두고 말이에요."

그렇게 말하는 그녀는 무척 쓸쓸해 보였다. 맥전은 위로했다.

"그분의 건강을 위해서 좋은 일이 아니겠어요?"

"좋은 일이라니요. 그는 작년에 심장마비를 일으킨 적이 있어서 의사가 절대 안정을 취하라고 말했어요."

"아, 그래요. 심장마비라고요? 그러면 좋지 않은 일이지요."

이야기가 계속되자 부인은 "프레드가 이 집을 지을 때 거실 벽난로가 있는 지붕의 접촉하는 부분에 있는 절연체를 잘못 써 거의 불이 날 뻔 했어요"라고 말했다. 맥전은 놀라서 거실을 다시금 쳐다보았다.

"그래도 프레드가 이 집을 지으려고 상당히 애쓰신 것 아닌가요?"

맥전이 되물었다.

"그건 그래요. 고생은 많이 했지요. 그러나…"

그녀한테서 쓸쓸함이 느껴졌다.

맥전도 물론 혹스트롯이나 왈츠 정도는 출 수 있었지만 남자들 사이에서 우스갯 소리로 사교춤이라는 것은 수평적인 욕구를 수직적으로 표시하는 것이라고 말하며 폭소하는 장면을 많이 보았기 때문에 어느 정도 거부감을 가지고 있었다. 게다가 어떤 영화에 프랑스의 나폴레옹이 파티를 한다고 하고 자기 부하들의 부인들과 춤을 추면서 파티 중이거나 파티 후에 추행 하는 장면을 본 일이 있어 도대체 사교춤에 대해서 좋게 생각하고 있지 않았다. 그래서 그로이타스 부인과 말이 더 진전되기 전에 맥전은 이렇게 말하면서 계단을 올라갔다.

"저는 좀 조사할 서류가 있어 2층에 올라가겠습니다. 실례합니다. 안녕히 주무세요."

1월도 끝나가고 버팔로에 돌아갈 때가 왔다. 그로이타스 부부와 마지막 이별을 할 때 뒷마당에서 수확한 과일, 감자, 고구마를 산처럼 가득 그의 폭스바겐에 실어 준 부부의 따뜻한 마음을 맥전은 지금도 감사하게 간직하고 있다. 여름이 되면 가족 모두를 데리고 와서 같이 여름을 지내자고 하던 부인의 진심어린 말이 지금도 생각난다.

하루 걸려 버팔로로 운전해 가고 있을때 히치하이크 하는 여성 몇몇이 있었지만 폭스바겐은 이미 몇 군데 구멍이 뚫려 있고 난방장치도 고장나 그들을 태워 줄 수 없었다. 급행으로 700마일 정도의 거리를 하루에 주파하여 버팔로로 돌아가 항공편을 예약하고 2월 중순에는 서울을 향해 한국을 떠난 지 꼭 20년 만에 귀국길에 올랐다.

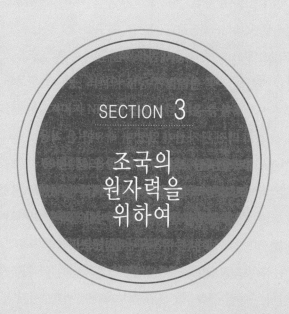

SECTION 3

조국의
원자력을
위하여

"야비함, 유머 그리고 허풍과 같은 기본적인 감성 속에서도 물리학자는 죄가 무엇인지를 안다. 이것은(죄를 안다는 것) 물리학자가 잃어버릴 수 없는 중요한 지식이다."

"과학은 결코 전부가 아니다. 그러나 과학은 아름다운 것이다."

– 오펜하이머

드디어 20년 만에 귀국하다

보잉 747 여객기가 나온지 얼마 안 된 때였다. 비행기를 타니 내부는 큰 농가에 버금가는 규모여서 이렇게 큰 비행기가 과연 뜰 수 있을까 의심이 들었다. 하지만 그 큰 비행기는 문제없이 이륙하여 공중을 힘차게 날았다. 인간이 성취한 항공의 위업에 감탄하지 않을 수 없었다.

11시간 비행 끝에 일본 하네다 공항에 도착하니 한국인 기장이 동경에서 내리는 손님들에게 웃으며 한 사람 한 사람에게 악수를 청했다. 20년 전 MIT의 FSSP가 끝나고도 곧바로 귀국하지 않고 미국에 머무른 동안 조국에 무심하게 지낸 것은 아니었나 하는 생각에 미치자 뭔가 말할 수 없는 미안한 기분이 들었다.

박사학위만 받고 바로 한국에 돌아가는 사람도 있었지만 박사학위는 일의 시작에 불과하며 결과는 아니라는 신념으로 무엇인가를 달성하고 나서 귀국하고자 했던 지난날을 생각하면서 김포공항의 흙을 밟았다. 공항에는 한국원자력연구소의 직원이 나와 있었다. 맥전은 인사를 나누고 짐들을 찾아 세종호텔로 갔다.

여행의 피곤 때문인지 바로 곯아떨어졌다. 다음 날 아침 눈이 떠져 깨어보니 6시. 그런데 호텔의 북쪽에 있는 거리에서 엿장수가 큰 가위로 짝짝 소리를 내며 걸어가는 것이 아닌가? 실로 20년 만에 듣는 한국의 소리! 엿장수의 형상은 참으로 아름다웠다. 또한 한국 특유의 파란 하늘을 배경으로 서울 북쪽을 둘러싸고 있는 북한산의 봉우리들이 눈앞에 펼쳐졌다. 맥전의 눈에서는 참을 수 없는 눈물이 흘러내렸다. 20년… 길다고 하면 무척이나 긴 세월이었지.

6살 때 북쪽에서 내려와 당시 15만 명이든 서울 인구 중의 한 사람이 된 맥전에게 서울은 꿈에도 잊지 못할 곳이었다. 서울 인구가 15만 명에서 1,200만 명이 된 지금 맥전이 흔히 부르던 남산 북쪽의 구 시내를 세종호텔 5층에서 창을 통해 내려다보고 있는 것이다.

그는 과거 20년 동안 미국과 캐나다에서 보고 배운 모든 학문과 공학적인 지식의 전부를 조국 대한민국에 쏟아 내고 싶은 심정뿐이었다.

전날 공항에 마중나왔던 연구소의 정씨가 호텔 로비에서 전화를 걸어왔다. 내려가서 호텔 내 식당에서 점심을 간단히 끝내고 그의 차로 연구소로 향했다. 1974년 그때에는 박정희 대통령이 통치하던 시절이었다. 1950년에서 1953년까지 3년간 계속된 한국전쟁의 비참한 폐허에서 탈출하여 어떻게든 근대국가 대한민국을 세우려는 국민들의 몸부림을 여기저기에 쉽게 찾아 볼 수 있었다.

그러나 거리는 아직도 어둠이 비추었다. 새마을운동의 추진으로 밤낮 없이 건설의 소리가 들려왔다. 24시간 재건의 복구 작업에 노력하고 있는 국민 그리고 토요일, 일요일도 없이 일주일 내내 일하는 국민, 과연 그들이 추구하는 근대국가를 이룰 수는 있을 것인가.

연구소에 도착하니 이 소장이 기다리고 있었다. 이 소장은 미국 로드 아일랜드에 있는 브라운대학을 졸업한 상당한 경력을 가지고 있는 실력 있는 분이었다. 윤리적으로 아주 딱딱하고 정직하고 원칙을 지키는 사람이었다. 미국에서도 몇 번 만난 일이 있고 그전부터 아는 사이였지만 여기서 만나리라고는 생각하지 못했다. 나는 CE에서 가지고 온 40~50부의 기술문서를 전달하고 한국 원자력발전의 장래에 대해서도 얘기를 나누었다.

그는 WH에 대해서는 많이 알고 있었지만 CE에 대해서는 잘 모르고 있었다. 그래서 맥전이 CE에서 6~7개월간 있으면서 경험한 내용을 들려주고 본시 원자력의 대부는 WH가 아니고 CE라는 사실, 그리고 한국이 세계에 자랑으로 삼고 있는 한국중공업^{현 두산중공업} 설립에 CE가 얼마나 많은 도움을 주었는가를 설명해 주었다.

한국과학도시의 미래
– 대덕연구단지의 모형을 살펴보다

한국중공업이 테네시 주에 있는 CE의 공장을 그대로 베낀 것 같다는 얘기도 있었다. 그리고 WH가 한국 최초의 원자력발전소를 지으면서 가장 중요한 압력용기를 CE에 부탁하지 않을 수 없었던 상황도 설명했다.

다른 회사에 비해서 CE는 보수적으로 설계할 뿐만 아니라 같은 컴퍼넌트라도 굵직하게 만들어 플랜트 수명이 현재의 40년에서 60년 혹은 80년까지도 연장이 가능하다는 점을 역설했다. 이때가 1974년이었는데, 13년 후인 1987년에 한국의 제11호 원자로를 CE에 발주하고 결국은 CE가 가지고 있는 기술 전체를 한국에 이전하며, 그 일을 맥전이 중심이 되어 진행시킬 것이라는 것을 당시에 두 사람은 짐작이라도 했겠는가.

한국에서는 2월이 가장 추운 시기인데, 그 2월에 조그마한 전기히터를 발밑에 놓고 체온을 유지하고 있는 것이 이곳 연구소의 생활이었다.

맥전을 약 2개월 동안 머무르면서 제1플랜트가 있는 고리발전소 건설현장을 방문하였다. 또 과학기술처 장관 재직시 맥전을 한국에 초대해 준 최형섭 박사를 방문했다. 최 박사는 노틀담 대학에서 박사학위를 받은 분으로 맥전이 미국에 있을 때부터 친구로 지냈다. 그는 과학기술처 장관으로 조국의 부름을 받으면서 맥전도 원자력연구소의 소장을 맡아 줄 것을 요청하며 같이 귀국하고 싶다고 희망했던 것이다.

장관실에서 만난 그는 원자력연구소, 항공연구소 등 모든 국립 연구소를 한자리에 모아 군 규모의 대덕단지라고 하는 한국의 과학도시를 세울 계획이라며 그 모형을 맥전에게 보여 주었다. 이밖에도 맥전은 한국에 머무르면서 장관이 구매에 성공한 캐나다의 캔두 타입의 중수로 원자력발전소에 대한 평가를 부탁해와 평가서를 써서 제출했다.

그리고 곧 미국으로 돌아가는 수속을 밟았다.

맥전은 생각해 보았다. 만약 8년 전에 최 박사의 제안을 받아들여 한국으로 돌아와 원자력연구소 소장이 되었다면 연구경험은 거의 없었을 것이고 대다수의 유학생이 그랬듯이 좋은 직장은 가졌겠지만 실력은 없고 행정력에만 능한 정치적인 기술자가 되어 버렸을 것이다.

'지금 준비하고 있는 EPRI에 보낼 연구신청이 받아들여진다면 ECCS 에서 얻은 경험을 가지고 한국으로 돌아와 한국의 원자력산업을 실제로 도와 줄 수 있지 않을까' 라고 맥전은 생각했다.

EPRI와 대단한 프로젝트 계약
- 5년간 장기 연구 시작

미국의 대학으로 돌아가자마자 맥전은 여름내내 연구신청서 작성에 전념했다. 가을무렵 대학의 승인을 받아 **EPRI**에프리에 연구신청서를 보냈다. 수 개월이 지났다. 어느 날 맥전은 EPRI로부터 놀라운 편지를 받았다. 그 편지에 의하면 맥전이 하려는 총체적인 연구 다시 말해 'Combined Injection ECCS Studies'를 시작하는 첫 해만 해도 맥전이 신청한 10만 불 정도의 연구비로는 모자랄 것이니 16만 5천 불로 증액해서 주고 장기연구를 승인한다는 것이었다.

대체 그랜트라든가 연구기금 승인을 받을 때 대학교수들은 2~3만 불만 받아도 큰 자랑이었는데 시작과 동시에 20만 불에 가까운 승인을 받았다고 해서 버팔로 신문은 이를 크게 보도했다. 맥전과 같이 있던 원자력공학과의 교수들에게 이것은 큰 충격이었고 기쁨이었다.

"당신은 정말 뉴욕 주립대학 버팔로 캠퍼스의 이름을 지도에 올려놓았습니다."

학장 이하 모두가 맥전과 만날 때마다 축하의 인사를 해 주었다. 이에 맥전은 몸둘 바를 몰랐지만 이것은 원자력이라고 하는 중요한 노 넌센스 분야에서 다액의 연구계약이나 기금을 정부나 기타의 기관에서 받기가 하늘의 별 따기라는 사실을 생각해 볼 때 너무 얼떨떨하고 기뻤다.

1975년에서 1980년까지 약 5년간의 장기연구가 시작되었다. 이 보도가 지방신문에 나가자마자 기계과에 새로 온 대만 출신의 난센 리아오 Nan-sen Liao 박사가 찾아왔다. 여러 가지를 얘기하는 중에 그가 최적의 하드웨어맨이라는 것을 맥전은 확인하고 그를 곧 연구 조교수로 채용했다. 맥전은 자기가 생각하고 있던 장치를 설명하고 스케치를 상세히 보여주었다.

그는 스케치를 가지고 실험에 필요한 하드웨어 전체를 설계해서 가지고 왔다. 다음에 맥전이 기용한 이는 톰슨이었다. 그는 맥전 밑에서 공부하던 학생이었다. 톰슨은 무엇이든지 늘 자신이 없다고 말했다. 일을 구하려는 사람이 자신이 없다고 말하는 사람은 이 사람이 처음일 것이다. 얘기를 듣고 있던 맥전은 그를 채용했다.

"좋습니다. 이 프로젝트를 통해 자신감을 찾으세요."

다음은 색다른 사람이었다. 이탈리아 나폴리에서 온 학생 가메로 아다보로, 그곳에서 석사학위를 받았지만 미국에서 또 다시 학위를 하고 싶다고 했다. 그는 아주 성실한 학생이었고 그를 연구조교로 채용했다.

네 번째는 도쿄에서 온 학생인데 그도 착실한 학생이었기 때문에 채용했다. 맥전을 합해서 5인조의 연구팀이 만들어졌다. 곧 공과대학의 매싱숍에 연락하여 대학의 팀으로서는 엄청나게 큰 실험장치, 그에 부수되는 설비제작이 시작되었다. 한 주에 한두 번씩 모여 회합을 가졌다. 이들 외에 마틴 하스라고 하는 독일계 미국인과 전문헌이라고 하는 한국인도 맥전의 지도 아래 박사학위를 마쳤다.

반 년이 지나 연구시설이 완성됐다. DEC^{Digital Equipment Corporation}에서 컴퓨터가 도착했다. 28피트 정도 되는 아주 높은 장치를 중심으로 맥전이 받은 2만 불로 산 열전달 루프 DC 공급과 접속하여 이 장치 전체가 실험실 대부분을 차지하였다. 그 동안에 톰슨은 자료 수집에 필요한 포트란 4로 프로그래밍을 끝내어 1년이 지나기 전에 실험이 시작되었다.

맥전의 연구팀이 일을 시작한다는 소문을 듣고 다른 학과에서 수십 명의 구경꾼들이 실험실로 몰려들었다. 성공리에 끝난 최초의 실험을 증명하는 DEC 컴퓨터의 '삐삐' 소리를 들으면서 수십 개의 측정점을 측정하는 컴퓨터의 반응이 계속되자 구경꾼들은 프로젝트의 성공을 예견이라도 하듯 박수를 보냈다. 이리하여 Combined Injection ECCS의 5년에 걸친 실험이 시작된 것이다.

생각해 보니 하버드의 부학장으로 있다가 이곳에 온 학장의 행정에 대한 횡포에 대항해 학생들과 정교수회의 협조를 받아 그를 축출한 지 3

년 쯤 되는 때였다.

5년 동안 자비를 쓰며 폭스바겐을 몰아 워싱턴 DC 등 이곳저곳을 돌아다니던 시절을 되돌아 볼 때 맥전은 모든 것이 감개무량했다.

이곳 주립대학 공과대학에서는 일주일에 하루를 자문을 해주는 날로 정해 교수들이 근처 공장이나 회사에 가서 도움을 주었다. 맥전은 1969년부터 코넬 항공연구소에서 자문을 하고 있었다. 그곳의 프로젝트는 B-1프로젝트, 즉 B-1폭격기 전자부분 냉각문제의 자문이었다.

그러나 1977년 새로운 프로젝트가 생기면서 B-1프로젝트를 그만두었다. 새로운 프로젝트를 맡은 곳은 뉴욕 주의 웨스트 벨리에 있는 원자력연료서비스 공장을 세계 최초로 민간기업이 원자력연료를 분리하는 공장이었다. 이 회사에 대한 책임을 지는 곳은 아르곤국립연구소인데 회사가 문을 닫게 되면서 맥전은 이를 도와 주기 위한 6명의 시니어 컨설팅보드의 단장 역할을 맡게 되었다. 맥전은 단장으로서 멤버들과 같이 환경영향 연구 즉 공장을 폐쇄할 때 인접지역에 어떠한 영향이 미치는가를 평가하기 위해 여러 곳을 시찰하지 않을 수 없었다. 또 관련되는 미국내 모든 시설을 시찰하고 조사하기 위해 가끔 출장을 가는 일도 있었다.

고준위폐기물유리화, vitrified을 산화 변형시켜 이를 타이타늄관에 넣어 지하 2천 피트의 깊은 땅속에 있는 화강암에 봉합하는 기술을 찾아냈다. 이 기술은 연속적이고 밀집한 화강암이 필요한데 이러한 지대가 캐나다 실버에 있고 아이다호 주의 일부 지대가 후보지로 선정되었으나 이러한 프로젝트를 강행할 만한 정치가가 없다는 것이 문제였다. 폐기물처리 문제가 원자력공학을 반대하는 사람들에게 늘 이슈거리가 되었지만 기술은 이미 완성되어 있었던 것이다. 문제는 정치적으로 이것을 헤쳐나갈 의지가 없었던 것이다.

1978년에는 한국과학기술처 장관의 초청을 받아 새로 설립하는 한국원자력안전센터의 설치를 자문해 주기 위하여 종종 귀국할 기회가 있었다. 지금 현재는 이 센터의 이름이 한국원자력안전기술원으로 바뀌어 한국의 NRC Nuclear Regulatory Commission가 되었다.

점차 바빠져 가는 맥전에게 또 하나의 사건이라고 말할 수 있는 일이 생겼다. 1978년 뉴욕 주립대학 교내에 있는 서부 뉴욕원자력연구소의 소장이 되어 달라는 요청이 있었다. 연구소의 대리소장으로 임명받았고 전술한 EPRI 프로젝트, 컨설팅보드 멤버로서의 여행, 학교수업 등으로 맥전의 생활이 더욱 다양해졌다. 그리고 1979년에는 대리소장에서 정식소장으로 승진하였고 뉴욕 주립대학에서 공학이 유명한 버팔로 캠퍼스에서 문자 그대로 큰 책임을 진 입장이 되었다.

원자력연구소와 태양열

뉴 욕 주립대학 버팔로에 온 지 14년, 두 번째의 안식년이 되었다. 이제까지 맥전은 원자력공학과의 주임교수로서 원자력공학계통, 원자로이론, 원자력발전 같은 과목을 학부생 또는 대학원생에게 가르쳤고 특히 대학원생들을 위해서는 세미나와 졸업논문 지도에 혼신의 힘을 기울였다. 연구소 소장으로 연구소 내 연구용 원자로를 사용하는 사람들도 관리했고, 방사성 동위원소를 중심으로 하는 대학 내의 공통과목도 관리를 했다.

태양열공학에 대한 과목이 전혀 없다는 것을 알게 된 맥전은 그때 이미 대두되고 있던 반핵운동에 대응하기 위해서라도 원자력을 연구하는 사람이 대체에너지에 관한 지식을 가지고 있어야 한다고 생각하여 태양열개론Introduction to Solar Energy 강좌를 시작했다.

태양 에너지는 핵융합에서 발생하는 것으로 원자력공학의 일부다. 따라서 대체에너지의 하나로 간주된다.

태양열개론을 개강한 뒤 아주 좋은 평가를 얻었다. 대학 내의 여러 과에서 청강하러 왔다. 그중에서도 그린이라고 하는 여학생이 여러 학생들 중에서 눈에 띄었다. 그는 대학원생인데 석사학위를 받기 위해 논문주제가 필요했다. 그래서 맥전은 생각한 결과 '두개의 냉각제를 이용하는 태양열 수집기Solar Collector Using bi-coolant' 라는 개념에 도달했다.

수집기의 한면은 태양열을 흡수하는 표면이고, 다른면은 컴팩트한 열교환기로 되어 있는데 한 기의 냉각제를 통과시키는 대신에 두개의 다른 냉각제를 각각 인접한 자체 채널로 분산시켜 얻을 수 있는 유리한 점을 이용한 것이었다. 그린 양은 1년 가까이 걸려서 근사한 논문을 작성해 다음해 여름, 워싱턴 DC에서 발표했는데 그 논문을 본 대부분의 미국 태양열 이용 총회 참석자들이 6개월 전부터 이 개념에 대한 자료를 보내 달라고 요청해왔다. 논문발표는 대성공이었고 그후에 버팔로 시에 있는 모 회사의 도움을 받아 복합냉각 태양열패널 제작에도 성공했다.

이 복합식 패널은 그 분석에 있어서 학문적인 의미도 있었으나 실제로 찬 기후를 가진 버팔로 같은 토지에서는 액체 냉각통이 공기 냉각통을 밤 동안 얼지 않도록 따뜻하게 함으로써 전체 채널에 원만하게 작동할 수 있다는 장점을 갖고 있었다.

반핵 학생들과 치열한 토론

정 반합은 동양 변증법의 중심사상으로 역경과 도덕경의 기반을 이루었다.

이것을 흉내내어 서양에서는 헤겔이 유신변증법을, 그 뒤 마르크스는 유물변증법을 초안해 냈다.

이 변증법을 원자력발전 역사에 적용해 볼 때 1942년 맨해튼 프로젝트를 발단으로 1957년의 쉬핑포트Shipping port에 최초의 원자력발전소가 들어서면서 원자력을 찬양하는 해가 이어진 것을 정의 시대라 할 수 있다. 그러나 1975년에 들어서자 이미 발주했던 원자력발전소의 주문을 취소하는 사례까지 발생해 최초의 단계, 다시 말해 정의 단계는 끝난 것 같았다.

원자력발전에 따르는 방사성폐기물이 문제가 되고 미국에서는 전국적으로 반핵운동이 시작되는 등 정반합正反合에서 반의 힘이 원자력발전을 저지하는 근원이 되었다. 그 세력이 2006년까지도 계속되고 있다. 물론 앞에서 말했듯이 폐기물은 보로-스리케이트의 형태로 유지하여 이것을 원격지에 내장하는 기술이 이미 완성되었으나 이것을 보통사람들이 다 이해할 리는 없고 반핵운동에 정면대응하여 그들을 설득하려는 능력 있는 강력한 정치 지도자도 미국에는 없었기 때문에 정과 반의 과정이 지금도 계속되고 있는 것이다.

그러나 시간이 지나면 원자력의 절대 위용성을 보통사람들이 이해하게 될 것이고 결국 합의 단계가 올 것은 명확한 일이다.

맥전이 뉴욕서부 원자력연구소의 소장이 된 1978년 대부분의 미국인은 아직도 그러한 인식을 갖고 있지 못했다. 이와 반대로 프랑스는 85퍼센트 이상의 전기가 원자력발전으로 만들어지고 있었다.

어느 날 주립대학 동남부에 위치한 연구소 주위를 수십 명의 학생들이 반핵 플래카드를 들고 시위를 하기 시작했다. 이것은 이 대학 뒤에서 반핵운동을 주동하는 물리과 모 조교수의 선전으로 캠퍼스 내에 생긴 반핵운동의 최초가 되었다. 이것을 소장실에서 보고 있던 맥전은 나가지 말라는 직원들을 안심시키고 연구소 정문 앞을 지나고 있는 시위대 속으로 걸어 들어갔다. 학생들은 맥전을 보자마자 그를 빙 둘러쌌다.

"여러분들 피곤하죠. 오늘 몇 시간 동안이나 이 주위를 계속 돌고 있으니 피곤하지 않을 리가 없지. 여기 잔디밭에 앉아 얘기라도 합시다."

이 말에 모두가 맥전을 중심으로 둘러앉았다. 그때 대학신문 기자가 급히 와서 사진을 찍기 시작했다.

"제군들이 반핵운동을 시작했다고 하니 나는 아주 좋은 일이라고 생각합니다."

맥전은 학생들을 쳐다보았다.

그런데 그들 중 두 사람은 맥전이 가르치는 태양열공학을 듣는 학생들이 아닌가! 말을 계속 이었다.

"군들은 태양열공학 수업을 듣고 있는 내 제자들이 아닌가?"

학생들은 웃으면서 그렇다고 대답했다.

맥전은 계속해서 "태양열공학에서 학생들과 얘기한 적도 있지만, 태양열을 이용해도 문제가 있어요. 태양열이 비교적 투박한 에너지이고 언제나 이용할 수 없는 상황이고, 또 태양패널 즉 알미늄을 만드는데 막대한 전력이 필요하다는 사실입니다. 태양열 패널을 만들어도 그 수명이 19년밖에 되지 않는다는 보도도 나와 있어요. 그런데 원자력은 제군들이 강조하고 있듯이 방사성폐기물을 어떻게 처리하느냐는 문제가 남아 있습니다.

그러나 이 문제는 고준위 방사성폐기물을 보로-스리케이트 형식으로 처리하여 타이타늄 관 속에 넣어 화강암 심부에 매장하는 방법이 있습니다. 그러면 한 3백 년 후에는 방사선은 거의 없어집니다. 그래서 캐나다 허드슨 베이 남쪽 캐나다 쉴드에는 방대한 면적의 화강암대가 있습니다. 거기에는 5백개 이상의 1천 메가와트 파워를 가진 폐기물을 수용할 수 있죠.

이 캠퍼스 정도의 면적입니다. 물론 이것은 국가기간사업이기 때문에 개인사업으로는 할 수 없습니다. 원자력은 인류 에너지 수요를 16세기 동안 제공할 수 있다는 계산도 나오죠. 제군들은 인류의 문명이 이제부터 16세기나 계속되리라고 생각해요? 나는 조금 비관적으로 보고 있지요. 내 생각에는 수 세기 정도 되리라고 생각합니다만 제군들은 어떻게 생각하세요?"

여기서 모두가 웃었다.

그런데 맥전은 태양열공학을 듣고 있는 학생들에게 물었다.

"어때요, 제군들은 내 강의를 즐기고 있습니까?"

그들은 자기들끼리 낄낄거리면서 웃었다.

"우리들 연구소는 원자력연구소이기 때문에 횟숀에너지도 연구하지만 그외의 대체에너지도 연구합니다. 그런 의미에서 진짜 원자력연구소죠. 물건에는 장단점이 있습니다. 장단점의 양쪽을 다 이해하고 연구하는 것이 좋은 것 아니겠어요? 나는 그렇게 생각합니다. 그래서 내가 제일 처음 말했듯이 여러분들이 횟숀에너지의 측면을 지적해서 연구소 주위를 돈다는 것은 좋은 일이에요."

"이 연구소는 고성능 펄스타Pulstar 연구용원자로를 이용하여 생산된 방사성 동위원소를 전국의 병원 또는 대학연구실에 의료용 · 학문용으로 공급 · 분배하는 곳입니다. 1백 퍼센트 평화를 위해 사용하는 거죠."

강의가 계속되는 가운데 분위기는 마치 교실에서 교수와 학생들이 함께 토론 하는것 같은 양상이 되었다. 아니 그것보다 더 좋은 분위기라고 할 수도 있겠다.

"질문이 있으면 해 주세요. 내가 하나하나 답변해 드리겠어요."

서서히 질문이 나오기 시작했다.

'연구소 언덕 밑에서는 어떤 일들이 일어나고 있는가' 하고 사옥에서 쳐다보고 있는 연구원들이 있었다면 이 상황을 미루어 짐작하고 훨씬 안심했겠지.

그렇다. 이곳은 대학이다. 대학이라는 곳은 배우는 곳이다. 교수도 배우고 학생도 배운다. 그래서 맥전은 대학을 배움의 장이라는 확신을 가지고 이 만남을 즐긴 것이다.

다음날 학생신문 '스펙트럼'은 전날 일어난 만남을 상세하고 정확하게 보도했다. 그후 학생들의 반핵운동은 사라졌다.

반핵단체에 이용을 당하고 있는 반핵 과학자

어느 날 맥전 사무실에 전화가 걸려왔다. 대학 학생회에서 온 전화였다. 학생회에 의하면 미국 아이다호 주에 있는 국립연구소에서 원자력발전소의 피지컬 시뮬레이션으로 유명한 모 과학자가 연구소를 그만두고 보스턴에 기지가 있는 반핵 과학자 회원이 되어 제1단계로 버팔로에 와서 연설을 한다는 것이다.

그런데 대학 당국에서는 그분 얘기만을 일방적으로 들을 수가 없기 때문에 연구소장인 맥전이 반대 토론자로 참석해 줄 것을 부탁했다.

"물론 나가죠. 플랜트 모델을 6년 간이나 했다는 것을 나도 들은 바 있어요. 그러나 플랜트 모델은 아무리 해 봤자 실제 원자력기술이라고 말하기는 힘들겠지요. 하여간 그에게 내가 참석할 것이라는 것을 미리 통보해 주는 것이 예의라고 생각합니다."

의사를 전달한 맥전은 전화를 끊었다.

그가 아이다홀스 국립연구소에서 6년간 종사하다가 그 자리를 그만 두고 보스턴의 반핵 과학자회의에 참석했다는 얘기는 전국적으로 보도 되었고, 아이다홀스 연구소를 그만 둔 이유는 승진에 불만이 있어서였 을 것이라는 추측이 나돌았다.

맥전은 다음 날 토론 장소인 대강당으로 갔다. 일찍부터 대강당은 학 생들로 꽉 차 있었고 맥전이 계단을 올라가자 학생들이 환영하며 소리 를 질렀다. 연단 위의 맥전 자리 옆에는 그가 앉을 자리가 또 하나 마련 되어 있었으나 그는 보이지 않았다.

10분, 15분 그리고 20분이 지났는데도 여전히 그는 모습을 나타내지 않았다. 20분 후에 한 학생이 학생회를 대표하여 먼저 맥전에게 미안하 다고 말한 뒤 회의장을 향해 "아이다호에서 온 신사는 몸이 아파 토론장 에 나올 수가 없어서 급히 아이다호로 다시 돌아갔습니다"하고 전했다.

크게 실망한 학생들에게 맥전은 말했다.

"반핵 과학자 회원으로서 아이다호에서 여기까지 비행기를 타고 오 시는 중에 1만 미터 상공에서 엑스트라 방사선에 얼마나 노출되었는가 를 물어보려고 했는데…."

학생들은 박장대소하고 말았다.

텔레비전 채널 7에서 맥전에게 인터뷰를 요청했다. 토론에 참석하지 않았던 그에 대한 질문도 있었으나 맥전은 가급적 논평을 피했다. 아마 도 그의 의지와 상관없이 반핵 과학자 회원이 되었을 것이라고 맥전은 추측을 했다. 그리 문화적인 혜택도 없는 추운 환경 속에서 6년 동안이나 일했던 그를 누군가가 제치고 그 윗자리에 올라갔다면 기분이 좋지 않았을테고 직책을 그만두고 반핵 과학자회에 들어가서 버팔로에 제1탄을 던지려고 했지만 반핵운동에 자신이 이용되고 있음을 그도 모르지는 않았으리라.

그는 얼마나 많은 생각을 했을까.

채널7의 인터뷰는 9시에 끝이 났다.

집으로 돌아오면서 맥전은 생각했다. '만약 내가 나와서 대담한다는 것을 그에게 알리지 않았다면 그는 오늘 아침에 여기 나와서 일방적으로 폭로를 했을지도 모른다. 오히려 이를 단념하고 돌아갔다는 것이 과학자로서 양심과 자긍심을 지닌 사람이라는 것을 보여주는 것이라 말할 수 있을 테지'

그뒤 반핵 과학자회에서 그의 이름은 더 이상 보이지 않았다.

체르노빌과 오늘의 러시아

최고의 선(善)은 물과 같다.

물은 서로 다투지 않으면서 만물을 이롭게 한다

사람들이 싫어하는 곳까지 스며들어가니 가히 도(道)에 가

깝다

말은 충실하게, 통치(統治)는 공정하게, 행동(行動)은 적시(適

時)에오로지 서로 다투지 않을 때 비난도 없다.

〈도덕경 제8장 500 B.C.〉

전은 1988년 9월 27일부터 10월 2일까지 UN의 국제원
자력기구IAEA 주최로 오스트리아 빈에서 열린 '원자력
발전과 안전성' 에 관한 국제회의에 참석하고 돌아왔다.

이 회의에서 한 분과의장으로 참석한 맥전은 한국에너지연구소에서
온 3명의 훌륭한 과학자들이 멋지게 논문을 발표하는 것을 보고 마음이

흐뭇했다.

그러나 이번 회의에서 가장 놀란 것은 많은 러시아 과학자와 기술자들이 참가하여 일주일 동안 계속된 회의를 통해 그들의 논문을 발표하거나 여러 가지 토론에 참여했다는 사실이다. 이 회의에서 러시아는 최소한 27편이나 되는 논문을 발표했던 것이다. 아마 거리도 한 요인이 되었겠지. 비엔나는 소련에서 가까우니까.

그러나 회의에 참석한 러시아 대표단의 태도에서도 엿볼 수 있었듯이 그들의 목적은 체르노빌 4호기 사고의 굴욕을 만회하기 위해 이곳에 왔던 것이다.

확실히 '원자력발전과 안전성' 이라는 회의의 주제는^{특히 마지막 '안전성'} 이라는 단어를 강조할 때 소련인의 숨은 의도를 알 수 있게 한 부분이었다.

참혹한 체르노빌 사고 이후 러시아인들의 기본적인 태도는 무기력과 주저함이었다. 그러나 이번에 러시아 과학자들은 그들의 실수와 사고의 원인을 설명하는 데 자신감이 엿보였고, 그들의 태도도 보다 더 솔직하고 적극적이었다. 그들은 확실히 체르노빌과 같은 노형인 RBMK^{흑연감속} 비등경수로로 많이 변경하고 개선한 것 같았다.

그런데 아래 글을 읽어나갈 때 여러 가지 기술용어가 나온다고 해서 독자들은 겁내지 않기를 바란다. 이 글은 다만 독자들에게 정말로 러시아인들이 그들의 지극히 원시적이고 불안전한 원자로 계통에 대해 무엇인가 적극적으로 개선하려고 했고, 그들 나름대로는 안전하게 만들려고 노력하는 것 같다는 느낌을 전달하기 위해 쓴 것에 지나지 않는다.

그들은 원자로 노심 내에 있는 흑연감속제의 양을 크게 줄이고 그 대신 연료 속의 우라늄$^{U-235}$ 농축도를 늘렸다. 고정중성자 흡수봉과 가동 제어봉의 수를 늘리고 제어봉의 위치도 낮추었다.

또한 흡수 제어봉 밑의 물 쿠션을 완전히 제거함으로써 물을 상실했을 때 그로 인하여 정부호^{正符號}의 공백계수^{空白係數}를 도입케 되어 '스크램' 때 반응도의 급격한 증가를 일으키게 되어 원자로가 폭발하게 될 가능성을 줄였다.

여하튼 러시아인들이 그들의 원자로 계통에 대해서 정교해지고 있다는 징후가 여기 저기서 많이 엿보였다. 그것은 매우 좋은 일이다.

위에서 말한 빈 국제회의에 이어 10월 초 파리에서 개최된 전력회사 최고경영자회의$^{우리나라에서는 한봉수 한전 사장이 참석}$에서 러시아 원자력발전 장관 니콜라이 루코닌은 러시아는 전 세계와의 상호 정보교환에 크게 공헌할 수 있도록 많은 노력을 기울일 것이라고 약속했다.

러시아인이 세계적 상호 정보교환에 흥미가 있다고? 이거야말로 신기한 일이지.

몇 개월 전 러시아 대표단은 독일 에어랑겐을 방문하여 크라프트베르 쿠니온 즉 카베우 원자력 시설들을 시찰하였다. 그래서 카베우는 러시아인들과 장차 사업을 같이 할 수 있겠다고 기대하고 있었다.

또 다른 러시아 대표단은 10월 13일부터 23일까지 미국을 방문 예정인즉 이것이 두 나라 사이에 상호 정보교환의 시작이 될 것이다. 미국 방문 중에 러시아 과학자들은 원자력 안전성의 정량적 평가^{定量的平價}에 필수적인 PRA 즉 '확률학적 위험분석법'의 최근 방법론에 관한 정보를 입수하려고 노력할 것이라 했다.

러시아인들은 많이 배워야 한다. 빈 회의에서 '확률학적 위험분석법'에 관한 두 개의 분과 중 하나의 의장을 맡았던 맥전은, 러시아 과학자들이 발표하는 모든 논문에 깊은 관심을 표하는 것을 보고 개인적으로 매우 인상이 깊었다. 그들은 확실한 목적과 숙제를 가지고 빈에 왔던 것이다. 러시아 과학자들은 원자력발전의 기술분야에서 '동종번식'^{同種繁殖}의 위험성과 무익함을 드디어 깨달은 것 같았다.

러시아의 원자력기술 분야를 오랫동안 지배해온 폐쇄성^{閉鎖性}과 동종번식성^{同種繁殖性}이 1986년 4월에 발생한 체르노빌 제4호기 참사의 근본원인이었던 것이다.

현재 숲으로 우거져 있는 체르노빌 모습

근친결혼은 좋지 않지. 그것은 우생학적 결함을 확장하고 결국엔 일성종족의 생성을 돕기 때문이다. 그래서 왕족들도 그들끼리의 근친결혼으로 인해 더럽혀진 피를 순화시키기 위하여 때때로 깨끗한 바깥 사람을 배우자로 데려오기도 하는 것이다.

과학과 기술의 세계에서는 누구도 왕족이라고 주장할 수 없다. 러시아인들이 하루라도 빨리 국제 원자력공동체의 협력세계로 들어온다면 그만큼 이 세계는 더욱 안전해질 것이다. 그러한 희망이 이제야 드디어 보이는 듯하다.

한국 최초의 원자력 기술로 드디어
조국 대한민국을 위해 헌신할 기회를 찾다

1980년 두 번째 안식년이 되었다. 맥전은 대학으로부터 휴가를 받아 버팔로보다는 기후가 좋은 캘리포니아의 팔로알토에 있는 **EPRI**에 컨설턴트로 초대받아 근처에 있는 마운트뷰로 옮겼다. 그해 말 산호세에 대규모 컨설팅회사를 가지고 있는 미시간대학 후배 에드워드 박사와 만났다.

그의 소위 '저항할 수 없는 초청'으로 그가 경영하고 있는 뉴테그라는 회사의 **R&D** 담당이사로 일하게 되었다. 그리고 대학에는 1~2년 늦게 돌아갈 것 같다고 알렸다. 변화가 적은 학교생활에서 화려한 컨설팅회사의 중역이 되는 것은 확실히 관능적으로 여러 변화를 가져왔다. 그리고 이를 즐길 수 있는 여건이 다 마련된 셈이다. 특히 아름다운 캘리포니아에서는…. 그러나 맥전의 마음은 편치 않았다.

30년 동안 온갖 경험을 두루 겪은 맥전은 관능 자체와도 같은 안이한 캘리포니아 컨설팅회사의 임원으로 끝날 수 없음을 강하게 느꼈다.

그에게는 아직 해결하지 못한 또 하나의 일이 있지 않는가. 그가 처음부터 마음에 새겨 두었던 임무이기도 했다.

자기를 30년간 키워준 조국 대한한국,

그 한국에 돌아가서 조국의 원자력기술 발전에 기여하고 힘차게 박동하는 기술 한국을 만드는데 힘을 보태고자 했던 것이 1954년 MIT FSSP에 있을 때의 각오가 아니었던가?

그렇다. 나는 한국에 돌아가야 한다. 한국 최초의 원자력기술자로, 선구자로 알려진 내게 그만큼 책임이 있는 것이 아닌가. 그리고 좁은 의미에서도 나 자신의 표현을 최대화하는 길이 아니겠는가?라고 맥전은 생각했다.

2년 여 가까이 캘리포니아에 있는 동안 맥전은 한국과의 접촉을 시도했다. 과학기술처의 자문, 연구소의 방문자로 일하기도 하고 1982년 9월부터는 전문헌 박사가 있는 한국과학원의 교환교수로 학생을 가르치기도 했다.

조국에 보탬이 되고자 한다면 한국전력공사는 어떨까? 원자력의 하드웨어 대부분을 갖고 있고 국가 기간 전력산업을 담당하는 한국전력공사는 아마도 맥전에게 가장 적합한 곳이 아닐까?

CE 간부들의 한국전력공사 방문

82년에 김선창 수석부사장을 통하여 교섭이 성사되어 마침내 한국전력공사 사장 특별고문에 맥전이 임명되었다. 다음해 3월 맥전이 한국으로 귀국하였고 그로부터 3년이 흘렀다.

그동안 한국전력이라는 거대한 조직에도 익숙해졌다. 맥전이 이곳에 오기 전까지는 발전소 설계와 발전소 주요 부분을 외국에서 제조하는 소위 '턴키' 방식의 발전소 설계·건설이 이루어지고 있었다. 맥전은 이에 반대하여 원전 제11·12호기 건설은 한국의 기술로 해야 된다고 강조하였다.

맥전이 준비 작성한 '기술이전과 그에 따르는 문제'라는 제목의 논문을 박정기 당시 사장과 함께 스페인 수도인 마드리드에 가서 신설된 국제회의에서 발표한 것도 그때였다.

그러던 어느 차디찬 겨울 아침, 일찍 사무실에 나와서 일하고 있던 맥전은 열 명에 달하는 외국인의 방문을 받았다. 손님들은 CE서울 사장인 피터 마이한 씨와 미국 코네티컷 주의 CE 사장으로 있는 셀비 브로어 박사 그리고 대여섯 명의 매니저들이었다.

맥전이 방에서 나와 응접실로 들어서자 모두 자리에서 일어섰다. "어서 앉으십시오"라고 맥전이 인사를 하며 앉자마자 마이한 씨가 입을 열었다.

"어젯밤 미국에서 서울에 도착한 브로어 박사 일행입니다. 원전 11·12호기 건설의 입찰에 대해서 한전으로부터 설명을 듣기 위하여 오늘 아침 일찍 이곳을 찾아 왔습니다."

셀비 브로어 박사가 입을 열었다.

"이번 입찰에 우리 CE는 대단한 열의를 가지고 있습니다. CE는 과거 한국의 원자력사업 부문에 공헌한 일은 없으나 이번 기회에 최선을 다하여 입찰을 하려고 합니다. 어떻게 생각하십니까?"

문 비서가 차를 가지고 들어왔다. 차를 마시면서 맥전이 말했다.

"이곳 한전 서울본사를 찾아오신 여러분들을 환영합니다. 그리고 CE가 이번 입찰에 참가하는 것을 대단히 기쁘게 생각합니다. 지금 브로어 씨가 말씀하기를 CE가 과거 한국 원자력산업에 공헌한 것이 없다고 하셨지만 사실은 CE는 벌써부터 공헌을 하고 있다고 말할 수 있어요. 한국이 세계에 자랑하고 있는 한국중공업은 마산에 있지만 이곳 한전의 자회사입니다. 앞으로 가압경수로를 한국에서 제작하게 되면 반드시 중요한 역할을 할 수 있을 텐데, 이는 CE가 십수 년 전 미국 테네스 주에 있는 샤타느가 플랜트 설계를 빌려주어 이를 바탕으로 설계한 부분이 많습니다. 그런 의미에서 CE가 한국 원자력 분야에 이미 공헌했다고 볼 수 있지요. 물론 이번 입찰에는 WH와 프라마톰도 입찰할 것이라고 생각합니다만 그들은 이미 턴키방식으로 몇 개의 원자력발전소를 지었습니다. 그런 의미에서 CE도 이미 원자력발전에 참여했습니다. 그러나 이번 입찰 안내에서 보면 알 수 있듯이 한국원전 제11 · 12호기^{한빛 3 · 4호기}를 계기로 한국은 전적인 기술이전을 기대하고 있습니다. 단적으로 CE가 이번입찰에 성공하려면, CE가 가지고 있는 각 분야의 기술을 한국에 그대로 이전하려는 노력을 해 주어야할 것이라 생각합니다.

입찰에 응하는 여느 회사처럼 어쩔 수 없다는 태도를 취하기보다는 자기 회사의 역량을 전적으로 한국에 양도하겠다는 진심어린 마음이 가장 중요하다고 생각합니다. 이제까지의 턴키방식 입찰에 한국은 응하지 않겠습니다. 저희들도 수백, 수천 명의 역량 있는 기술자들이 있습니다. 원자력 분야에 필요한 전체적인 기술 양도에 동의해 주셔서 성공적인 낙찰자가 되어 주시면 고맙겠습니다. 그런 의미에서 각 분야의 책임자를 데리고 오신 셀비 브로어 박사의 영단과 통찰력에 경의를 표합니다.

여러분들, 이번 입찰에 관한 안내는 본사에서 받으셨겠지요? 그래서 지금 연구하고 계실 것이라 생각합니다. 저는 이번 입찰에 참가하는 다른 회사 담당자들에게도 말하겠지만 이번 입찰에 전력을 다해 주십시오. 제가 말하고 싶은 것은 그것뿐입니다.”

맥전은 여기서 말을 끝냈다.

줄곧 눈을 감고 맥전의 말을 듣고 있던 브로어 박사가 눈을 크게 떴다. 그리고 천천히 입을 열었다.

"아주 감사합니다. 맥전 박사, 늦게나마 입찰에 참가하려는 CE에 대해서 아주 친절한 말씀을 해 주셔서 더더욱 감사합니다. 맥전 박사가 말씀하신 것을 듣고 이번 입찰이 다른 때와 달리 완전 기술 전수에 기초한 입찰이라는 것을 알게 되었습니다. 제가 데리고 온 매니저들도 잘 이해했다고 생각합니다. 이제부터 한국전력 내의 원자력 분야 기술자들과 만나 입찰에 대해서 자세히 토론하고 싶습니다. 하여튼 우리들은 최선을 다해 입찰에 응할 것을 약속드립니다"고 말하면서 그는 또 한번 맥전을 쳐다봤다. 그의 눈에는 강한 빛이 보였다.

셀비 브로어 박사는 CE의 CEO가 되기 전에는 미국에너지성[DOE] 차관보로 재직했다. 그는 MIT에서 박사학위를 받았고 맥전이 1954년 MIT에 갔을 때 원자력공학과를 독립된 과로 분리하려고 노력하고 있던 만손 베네딕트 박사의 제자 중의 한 사람이었다.

맥전은 미시간에서 동양인 최초로 원자력 분야에서 박사학위를 받았다. 후에 들은 얘기지만, 만손 베네딕트 박사는 1년에 한번씩 대학원 학생들을 초대해 과거에 그에게서 지도받았던 학생들의 사진을 보여주곤 했는데 외국인으로서는 최초로 원자력 분야를 공부한 나를 사진을 통해 소개해 주어 MIT 학생들은 익히 알고 있었다고 한다.

맥전은 1954년 여름, 세계 각국에서 온 초급교수 50여 명 중 한 사람이었다. 만손 베네딕트 박사를 도와준 것은 4개월밖에 되지 않았지만 맥전을 최초의 외국인 학생으로 기억해 준 故 베네딕트 박사님께 감사한 마음을 전한다.

브로어 박사는 다음 해 1987년 4월에 있었던 원전 11·12호기 계약을 체결한 이후 DOE의 옛 동료들로부터 엄청난 비난을 받았다고 한다.

"일방적으로 관대한 계약을 체결하여 CE의 기술과 정보를 모두 팔아버린 것은 매국행위가 아닌가?"라는 엄청난 비판이 쏟아졌고 입찰에 실패한 상대기업에서는 비난이 더 심했을 것이다.

이러한 엄청난 비난과 힐책에 대해 브로어 박사는 "이제 미국은 새로운 발전소의 발주도 없고 이미 발주한 발전소도 취소되는 판국이니 그럴 바에는 차라리 젊은 한국을 도와주어 미국은 외화를 벌어들이고 한국은 기술을 축적해서 원자력산업을 발전시키는 게 더 현명한 판단이 아니겠는가"라고 대답했다고 한다.

프랑스의 프라마톰이 미국의 WH로부터 기술전수를 받은 것이 수 년 정도밖에 되지 않았는데 얼마 후 한국에서 턴키Turn Key 방식으로 기술전수를 전제로 한 입찰에 참가한 일이 지금도 생생하게 기억난다. 프랑스가 WH의 TM에 기술전수를 받았을 때도 똑같은 비난이 있었을까?

08

아랍에미리트로부터 반가운 소식

중 동지역의 아랍에미리트UAE와 터키, 요르단에서 반가운
소식이 들려왔다. 이것은 한국원자력계가 과거에 원자
력발전을 안전하게 운영해왔다는 사실, 그리고 제안한
한국 표준형 원자로가 우수했을 뿐만 아니라 안전했다는데에 주원인이
있다. 또 거의 같은 시기에 두바이에 삼성건설이 세계에서 가장 높은 건
물을 성공리에 완공했던 사실에서 보듯이 과거 40년간 중동에서 한국의
건설업체들이 견실한 사업결과를 이룸으로써 신용을 얻은 데에도 기인
했다고 본다.

그런데 요르단 그리고 최근의 터키 등에서 성공적인 원자로 수주를
취재하는 다수의 기사들을 볼 때 대개가 정확하고 일반인들이 생각도
못할 만큼 자세한 점까지도 보도하고 있었다. 그 가운데 취재기자의 자

질 부족을 의심하게 하는 기사들도 간혹 눈에 띄었다. 예를 들어 프랑스가 울진에 원전을 짓고 돌아간 지 20여 년밖에 안 됐는데 한국 원자력계의 엄청난 발전에 놀랐다는 것이다.

　사실인즉 기적이라는 것은 존재하지 않고 에필로그 1과 2에서 알 수 있듯이 우리 원자력계에 가장 큰 충격을 준 한빛원전 3·4호기 즉 한국원전 11·12호기부터 시작된 한국 기술의 최초인 CE와 공동설계 그리고 제작 노력이 이들 기사들에서는 빠져 있는 것이다.

　이런 노력은 1987년부터 거의 10년 동안 한국과 CE 본사가 있는 미 코네티컷 주 윈저에서 이루어졌다. 대덕의 한국원자력연구소 연구원과 한국전력기술㈜을 주축으로 한 연인원 수백 명의 우리 기술자들이 자가설계自家設計의 꿈을 달성하기 위해 이곳 윈저로 와 CE에서 일했다.

　CE는 입찰 당시 자기들의 전력을 거의 다 커버하는 2050여 점의 기술을 한국에 넘겨 주었으며, 결국에는 자기들의 궁극적인 설계개량로인 시스템 80까지도 넘겨 주어, 이는 한국표준형원자로OPR-1000의 효시가 된 것이다.

　이같은 1987년의 쾌거에 앞서 맥전은 1983년 한전 사장 특별고문으로 이와 같은 미국의 궁극적인 원자력 기술 전수를 주창한 인물 중 한 사람이다. 그때 전력사 편찬전문위원이었던 최세희 씨가 소개한 바와 같이 맥전은 1990년 한전 본사를 떠나 재외 특별고문으로 CE 근처에 거주하면서 원자력 기술 전수사업의 순조로운 진전을 1995년까지 지켜보며 당시의 한전 사장이었던 안병화 사장과 이종훈 사장을 보조 자문했다.

이후 CE는 ABB-CE를 거쳐 원자력공업 불황으로 인해 1998년경 문을 닫았다. 마지막까지 최선을 다하여 한국을 도와준 CE가 마지막으로 남긴 세계 제일의 규모를 자랑하는 미 애리조나 주의 팔로버디 원전 3기의 시스템 80+ System 80, 설계출력 각 1,300메가와트은 그 규모와 방식 그리고 지형조건틀 다 사막에 있음 등이 중동 플랜트의 자매 또는 준 프로토형PROTO TYPE이라 할 수 있다. 다만 팔로버디는 시스템 80이지만 우리의 중동 플랜트APR-1400는 그보다 세련된 시스템 80+이다. 그리고 사막에서 이같은 초대형 플랜트의 운영을 지지할 막대한 양의 냉각수 확보에도 문제가 있다.

또한 이같은 경험을 가진 CE의 유일한 직계 제자인 한국원자력계가 그 보다도 더 크고 우수한 원전을 건설하고자 하는 것이 과연 수치스럽고 숨겨야만 할 일일까?

CE의 기술 이전량 2,050여 점에 비하여 제2위 입찰사인 WH는 CE의 4분의 1도 못되는 5백여 점, 그것보다 못한 프랑스는 물론 5백여 점도 되지 못했다. 그때에 정치인들의 잡음과 그것을 반영하는 언론의 말대로 갔다면 한국은 아직도 원전 후진국으로 헤매고 있을 것이 분명하다.

고리원전 1호기 등 초기 WH의 압력용기들은 대부분 CE가 WH의 하청을 받고 만든 제품들이다. 따라서 자기의 진짜 스승을 자랑할 일이다.

제2차 세계대전 이전에 일본의 극우익들은 일본천황에 대해서 댄손고린天孫絳臨이라고 했다. 그러한 공상은 시간이 갈수록 깨어지고 지금은 서울대학의 홍원탁 교수가 결론지었듯이 고구려에서 내려온 백제, 나중에는 신라가 일본 야마도를 창조한 것이 정설로 되어가고 있다.

우리 원자력계의 1980년 기술혁명을 도와준 분들에게 감사를 올리고 싶다.

에
필
로
그

"굳은 인내와 노력을 하지 않는 천재는 이 세상에서 있었던 적이 없다."

"분발하라, 분발하면 약한 것이 강해지고 적은 것이 풍부해질 수 있다.
나는 가장 건강하고 공부 잘하는 아이를 이겨보리라고 결심하고 분발한 결과 몸이 건강해졌을뿐 아니라 학교 성적도 상당히 올라갔다."

−아이작 뉴턴

미완으로 끝난 이승만 대통령의
수소폭탄개발 프로젝트

맥전이 서울공대를 졸업하고 2개월 반 뒤에 한국전쟁이 일어났다. 1950년 여름을 전쟁으로 인해 허송세월로 보내고 그해 가을에 서울이 수복되자, 맥전은 해군기술장교 후보생으로 지원했다. 진해에 내려가 훈련을 받고 다음해인 1951년 봄에 임관하여 부산에 있는 해군본부 병기실에 배치되었다. 그러다가 얼마 후 특명을 받고 진해 군통제부 안에 신설된 해군기술연구소로 부임하게 되었다. 기술연구소가 창설된 시점이었다.

당시 원자폭탄을 만들 수 있다고 주장하는 일본인 기술자와 그를 일본에서 데려온 재일동포 두 명이 문관으로 기술연구소에 배정되어 있었다. 맥전은 원자폭탄을 만들 수 있다는 일본인 기술자의 기술정도를 같이 일하면서 감시하라는 손원일 당시 해군 참모총장의 비밀특명을 받고 그곳에 내려간 최초의 기술장교였다. 이 비밀 프로젝트는 당시 이승만 대통령이 직접 지시하고 적극 후원했으며 일본인에게 '이용대'라는 이름을 직접 지어줄 만큼 이 대통령의 기대가 컸다. 이용대 대령^{대령 계급을 그 일본인에게 주었음}이 결국 거짓말을 했다는 것은 1년 뒤에 공식적으로 밝혀졌다. 사실은 하루도 채 걸리지 않아 그 일본인이 허튼 수작을 부리고 있다는 것을 맥전은 알아차렸지만…. 어쨌든 이를 공식적으로 증명하자 맥전은 그곳으로부터 해군사관학교 화학교관으로 전근되었고, 그 뒤 몇 달 후 군을 떠나 모교인 서울공과대학으로 돌아와 강의를 했다.

우리나라의 원자폭탄 개발에 얽힌 비사^{秘史}는 책을 두 권이나 쓸 정도로 재미있고 의미 있는 일이겠지만 반면에 한 국가의 역사로서는 부끄러운 일이므로 이제까지 맥전은 일절 말하지 않고 있었다.

일본인 오카다^{한국이름 이용대, 李用大}는 비교적 온순하고 일어를 할 수 있었던 맥전에게 호감을 보였다. 더구나 '납 배터리' 공정에 경험이 있는 맥전을 소중히 여겼다. 왜냐하면 그는 해군용 납 배터리 공장설계를 시작하고 있었는데 무거운 납 배터리를 시종 수발하는데 무리 없는 '플로우-시트' Flow Sheet를 맥전이 바로잡아 주었기 때문이다.

경험이 없는 그가 신임 장교의 도움을 받은 것이 내심 든든했던 것 같다. 특히 일어를 유창하게 구사하는 조수가 생겼으니 말이다. 맥전은 그러나 이용대가 그동안 작업했다는 '수소폭탄 제작 장치'를 꾸준히 살피는 것을 잊지 않았다.

약 일주일이 지났다. 관사도 없이 영내의 한 방에 넣은 침대에서 취침하고 있던 맥전을 어느 날 하사관이 급히 깨웠다. 시간은 밤 11시였다.

"맥전 소위님. 부산본부에서 손원일 참모총장님이 오셨어요. 지금 녹색창고 안의 배터리 공장을 부관님과 같이 돌고 계십니다."

맥전은 급히 침대에서 일어나 군복을 입고 공장으로 뛰어갔다. 손 참모총장이 공장 내부를 둘러보고 나오는 중이었다.

"근무 중 이상 없습니다."

"기뢰공장으로 갑시다."

맥전이 손 참모총장에게 큰 소리로 경례를 붙이자 손 참모총장은 공장으로 가보자며 조용히 말했다.

기뢰공장에는 이용대 대령이 과거 몇 개월간 걸려 제조한 '수은 정류기' 두 대와 한 대의 '물 전해조' 가 있었다. 맥전은 이 기기들을 손 참모총장에게 자세히 설명했다. 그런 다음 손 참모총장 일행을 연구소 사무실인 맥전의 침실이 있는 목조본부로 안내했다. 그러던 중 갑자기 참모총장이 맥전을 은밀히 불렀다.

"전 소위, 나하고 이야기 좀 해야 되겠어. 어디 조용한 데 없을까?"

둘만이 이야기할 수 있는 방은 맥전의 방밖에 없었다.

"제 침대가 너무 어지럽혀져서…."

"괜찮아."

참모총장은 주저주저하는 맥전을 앞장세웠다. 맥전의 방으로 들어선 참모총장의 목소리는 차분하면서도 따뜻했다.

"전 소위, 귀관은 우리 인사국 최고의 추천으로 이곳에 왔어요. 앞으로 나도 매주 혹은 두 주에 한 번씩은 꼭 이곳에 오겠으니 그때마다 나에게 보고 좀 해주시오. 우리 이 대통령께서 이 프로젝트에 비상한 관심을 갖고 계시는데, 특히 이용대 대령을 잘 관찰해주시겠소? 귀관은 그 사람을 어떻게 생각하시오?"

맥전은 머뭇거리다가 말했다.

"참모총장님, 제가 부임한지 일주일밖에 안됐습니다만, 본인이 짧은 시간동안 지켜본 이 대령은 비교적 선량한 분입니다. 그러나 제가 객관적으로 볼 때 그는 기술자라기보다 숙련된 기능공입니다. 옛날에 수은 정류기나 물 전해조 제작에 익숙했던 분인 것 같습니다. 허나 수소폭탄은 물 전해조에서 나오는 수소가 원료가 되는 것이 아니고, 두 중수소重水素가 융합하여 헬륨분자를 생성하는 것으로 알려져 있습니다. 따라서 과거 일주일간 바라본 그에 대한 저의 평가는 미안한 말씀이지만 부정적입니다. 그분이 장차 어느 방향으로 갈 것인지는 제가 잘 모르겠으니 앞으로 조심히 지켜보겠습니다.

그런데 앞에서 말씀드린 융합반응은 높은 온도에서만 진행되는 것이니 소위 '우라늄 235'라든가 '플루토늄 239'의 분열로 기인하는 원자폭탄의 생성은 100만℃ 내외에서 일어날 수 있는 반응입니다. 이미 원자폭탄을 가지고 있는 소련 같은 나라조차 아직도 수소폭탄을 완성하지 못하고 있는 것이 현실입니다(*소련은 1952년에야 완성했음)."

"그래? 내 그럴 줄 알았어."

손 참모총장은 개탄해하며 얼굴 가득 실망한 얼굴로 말을 이었다.

"하여간 잘 지켜 보아주소."

손 참모총장의 방문이 있은 뒤 맥전은 곧 해군기술연구소 새 소대원들의 모집에 착수했다. 우선 전쟁 전에 서울의 중앙공업시험소에서 일하고 지금은 해군사관학교 교관으로 계시는 선배 김재원金在元 대위를 참모총장 특명으로 연구소에 전임케 했다.

그리고 대구에서 훈련을 마치고 수도사단의 통신장교로서 지리산 토벌대로 들어가고자 했던 이동령李東寧 소위를 부산항 출발 1시간 전 적시에 손 참모총장 특명으로 해군에 전신토록 하여 바로 부산에 있는 해군본부에 보고했다. 이동령 소위는 서울대학교 문리대 출신의 물리학도로, 그후 참모총장 특명으로 유럽에서 유학하여 1960년 런던대학에서 이학박사 학위를 받았다.

약 1년여 동안 2, 3차의 연구원 회합이 통제부 사령관실에서 있었다. 이용대 대령과 그를 둘러싸고 보호하는 김일청金一淸 문관, 그의 종속원인 김 씨 문관, 전 소위를 중심으로 하는 한국 측 기술장교 세 명맥전과 김재원 대위, 이동령 소위 그리고 손 참모총장과 통제부 사령관 등이 참여하는 회의였다. 전 소위도 1, 2차에 동참했는데 그때마다 이용대 대령은 자신의 무지를 폭로했고 김일청의 얼굴은 곤혹스러운 표정으로 일그러졌다.

결국 이용대는 "사실은 자기가 갖고 있는 기밀자료는 모두 동경에 두고 왔다"고 말했다. 맥전은 김재원 대위, 이동령 소위와 의논 끝에 이용대 대령을 일본으로 다시 돌려보내기로 했다. 따라서 이용대 대령은 우리 해군의 DE 62함을 이용해 동경으로 돌아갔다. 그러는 동안에도 맥전은 진해에서 부산으로 출장갈 때마다 부산 대신동에 있는 미대사관 공보원에 들러 매달 미국에서 보내오는 학술잡지 「모던 피직스」Modern Physic 와 「뉴클리어 피직스」Nuclear Physics 등으로 필요한 정보를 수집했다.

그로부터 2, 3개월 뒤 동경에 가 있던 이용대 대령이 돌아온다는 보고

가 있었다. 그리고 그는 62함으로 공창 도크에 도착했다. 도망가지 않고 다시 돌아와 한 번 해보자며 김일청과 의논한 것 같다.

해군 공창 도크에 급히 나간 맥전은 60~70권 되는 이용대의 비밀문서를 받아 숙소로 들고와 밤을 새면서 분류를 해나갔다.

오카다 대령의 비밀문서는 둘로 분류할 수 있었다. 절반은 당시 일본의 대중 전기잡지 「오무」*Ohm*였고, 나머지는 대학의 '소훠어보아' 제2학년 전기학과생들이 배우는 '교류이론' 交流理論 같은 대학생의 노트들이었다. 그것도 표지의 일부는 찢겨져서 노트 주인의 이름도 알 수 없게 되었다.

다음날 아침, 통제부사령실에서는 손 참모총장, 통제부사령관, 연구소장 김영철 준장, 그리고 이용대와 그의 보호자 김일청, 그의 부하 자분 子分·일칭 고분, 김 문관文官, 그리고 우리 측 김재원 대위와 이동령 소위가 자리를 잡고 기다리고 있었다.

맥전이 나타났다. 맥전 소위는 문헌의 이름들과 그 내용들을 쓴 팸플릿을 참석자들에게 나누어준 뒤 되도록 냉정한 목소리로 설명을 하기 시작했다.

"누구 것인지도 모르는 대학 2, 3학년생의 노트와 일본의 대중잡지 「오무」가 전체 내용이며, 결국 이런 사실이 이용대 대령님의 비밀이었습니다. 이상입니다."

맥전은 그동안 쌓였던 분노가 터져 나왔고, 이어 최종 결론을 내렸다.

"지금 부산의 용두산 쪽에 있는 국민학교 어린 아이들도 이런 이치는 알 것이라고 믿습니다."

맥전의 말이 끝나자 손 중장참모총장이 조용히 말했다.

"좋습니다. 벌써 11시네요. 우리 모두 커피나 마십시다."

이 회합이 있고 나서 약 일주일 뒤 맥전은 해군사관학교 교관으로 발령을 받고 연구소를 떠났다. 그리고 몇 달 뒤 본인도 모르는 사이에 맥전은 중위로 승진되어 해군에서 제대한 뒤, 서울대학교 대학원으로 돌아갔다. 웃지 못할 해프닝이었지만 이승만 대통령은 다가올 대통령 선거에 대비하여 '수소폭탄 완성'의 성공을 희구했으며 때문에 부인 프란체스카 여사는 일본은행에 예금했던 10만 불을 해군기술연구소 창립을 위해 기부했다.

그후 김일청은 해군을 떠나 국회의원에 출마하여 당선되었다. 협잡꾼 중에서도 제일가는 협잡꾼인 그는 해군을 속이고 대통령을 속이고, 마지막에는 국민까지도 속이려 했던 것이다.

대한민국의 격동기인 1951~1952년 당시 김일청이라는 한 개인에 의해 해군을 비롯한 대한민국이 농락당한 가슴 아픈 그런 역사의 비하인드 스토리가 있었다.

최초의 신문 기고문
'이 나라의 원자로의 조속한 도입을 갈망하며'

전쟁 피해복구가 채 끝나지 않았던 1955년, 한미 양국간 원자력협정 가(假)조인이 체결됨과 동시에 이 땅에 원자력이 태동했던 그해 12월 12일자 〈서울신문〉에는 사람들의 눈을 번쩍 뜨게 한 기사가 실렸다. 원자로 통제실과 콘트롤실이라는 난생처음 보는 신기한 사진 두 컷과 함께 실렸던 기고문은 '공업이익을 광범위하게 가져다주는 원자로를 조속히 도입하자'는 내용으로 당시 미국 북캐롤라이나 주립대학에서 원자력공학을 연구하고 있던 전완영 씨가 보내온 것.

원자력 발전 30년을 맞아 국내 최초의 연구용 원자로 트리가 마크 II 의 도입 배경과 원전 도입을 적극 주장했던 당시의 기고문을 다시 한번 음미해 보고자 기사 내용을 요약·게재한다. -편집자

한미원자력협정이 체결되고, 선진국에서는 앞을 다투어 원자력을 이용하는 산업 또는 군사 면의 새로운 발전을 기획하고 있다. 특히 산업부문에 원자력이 이용되는 경우에는 하나의 산업혁명이 일어나게 될 것인데 우리나라에서는 아직 이에 대한 정확한 인식을 하는 사람이 적고 또 이 방면을 전공하는 학자가 적은 상황이다.

본고를 기고하여 준 전완영 씨는 서울대학교 공과대학 강사로 있다가 이 방면에 뜻을 품고 미국 북캐롤라이나 주립대학원 원자력공학과에서 수년 동안 전문지식과 실지기술을 습득, 연구하고 있는 우리나라에서도 가장 유망한 원자력 학자(原子學者)이다.

전기(前記) 주립대학 원자로는 세계 최초의 대학 소유 공개 원자로로서 1953년에 완성된 것이고, 원자력협정에 의거하여 미국으로부터 한국에 공여될 연구용원자로와 거의 같은 규격과 성능을 가지고 있는데 여기에서 연구를 거듭하고 있는 필자가 원자력 문제에 대한 초보적인 인식을 위하여 본고를 보내왔으며 원자력 분야에 대한 일반의 불필요한 편견과 의구심을 조금이라도 덜고 한국 원자력계 앞날의 희망을 국민과 더불어 꿈꿀수 있도록 하는 것이 필자의 소망이라는 것을 밝힌다.

- 〈서울신문〉

이 나라가 미국과 원자력협정을 맺은 지도 벌써 반 년이 되어간다. 제네바 원자력회의에 대표 세 분이 이미 참석한 바도 있고, 이러한 일련의 사건을 전후로 국민은 점점 원자력에 대한 인식을 하기 시작했다. 아마도 대부분의 인사들은 최초 이러한 보도를 신문에서 보고 당장은 약간 흥분이 되면서도 곧이어 "한국에 무슨 원자력이란 말이야, 기초공업 하나 제대로 못 가진 나라가?"하면서 약간은 비웃음도 먼 이곳에서나마 능히 짐작할 수 있겠다.

사실 전쟁에 피폐될대로 피폐해진 이 나라에 사는 사람으로서 이러한 감정은 극히 자연스러운 것이라 하겠으나 오늘 필자가 이 글을 적어 먼 고국 동포들에게 드리고자 하는 동기는 정도 이상의 낙관적인 견해와 더불어 필요 이상의 비관적 견해도 또한 이를 충고로 시정하고 우리가 처한 현재의 입장을 정확히 파악하여 이 위에서 희망을 같이 찾아보자는데 있다.

광범한 공업이득, 조속한 도입에 분발하자

우선 지금의 원자력협정의 의의는 무엇인가, 간단히 말해서 연료와 건설비 반액을 미국에서 부담하여 한국에 연구용원자로를 하나 공여하겠다는 외교적 기조문이라 요약할 수 있다. 이것은 대국적으로 보면 미소 양진영의 냉전 부산물이라 하겠고, 혹자는 이를 난관 많았던 UNKRA 원조와 궤를 같이 할 것이라고도 하겠으나 동 문제의 출처와 범위가 약간 상이되기 때문에 결론도 좀 달라질 것이다.

이같은 협정은 한국뿐만이 아니라 몇몇 자유진영 국가와 미국 사이에 똑같이 체결된 것이며, 연구용원자로의 도입 자체가 그 자재구입에 있어서 국제간에 어떠한 복잡한 문제를 제기하는 것도 아니므로 만약 앞으로 정부가 원자로 도입에 현재의 열의를 잃지 않고 계속 노력 추진한다면 그 도입은 그리 곤란치 않으리라 하겠다.

이것이 도입된 후의 다음 사정은 어떠할 것인가. 아시다시피 연구용 원자로는 명칭 그대로 그 목적이 이를 이용하는 연구에 있는 것이고 동력추출에 있는 것이 아니다. 이 원자로의 생산물인 동위원소 이용범위는 선전되다시피 비교적 넓은 것이나 곧 어떠한 의료적 공업적 이득을 가져오기에 한국은 아직 어리다.

우리가 이 원자로에서 기대하는 바는 주로 이를 중심으로 하는 인적 훈련에 있는 것이고, 다음 본격적 단계에 이르기까지 원자로에 기한을 두고 정신적·기술적 준비를 하는데 있다는 점을 우리는 명심해야 한다.
원자로라 하니 그것이 도입되면 곧 무슨 큰 직접적 혜택이나 있는 듯 기대하는 것은 크게 위험한 일이라고 역설하고 싶다. 원자력의 앞날이 퍽이나 중대하므로 우리는 일개 독립국가로서 이에 대비하지 않을 수 없다는 이 사실이 현금에 있어 중요한 것이다.

다시 돌아가서, 그러면 이 원자로 운영에 따르는 경비는 어떠한 것이냐 하는 문제가 제기된다.
그러나 이 점에 대해선 걱정할 필요가 그리 없는 줄 안다. 필자가 지금 근무하고 있는 이곳 미국 북캐롤라이나 주립대학 원자로 R.R.R은 다행히 장차 한국에 도입되려는 원자로와 동 종류의 것이고, 92퍼센트 농축 U−235 1킬로그램을 연료로 하는 20킬로그램 연구로인데 이는 협정에서 말하는 20퍼센트 농축 U-235 6킬로그램 원자로와 같은 즉 원자로 운전에 따르는 경상비는 그리 대단한 것이 아니다.

물론 고장이 나면 이곳저곳 수리는 언제나 해야 된다. 예를 들면 수많은 전자 통제장치에 있어서 가끔 전자관 대체 등의 소모기재 충전이 필요하면 충전을 시키는 등 계속운전을 할 수 있는 문제다.

인적준비는 20명 내외의 물리학자, 전자기술자, 화학기술자 및 기계기술자를 골라 이곳 미국 아르곤 국립연구소의 7개월 강습과 오크릿지 국립연구소의 1개월 강습에 보내어 재훈련할 수 있는 것이고, 더욱 정상적 훈련을 위해서는 미국 각 대학에 하나하나 생겨나고 있는 원자로 시설에 보내어 2, 3년 교육할 수 있는 문제다. 이곳 주립대학에 이어 펜실베니아 주립대학에 두 번째로 대학 원자로가 생기며, 기타 현재로 20여 대학에서 건설 중 또는 기획 중이니 외국인 학생이 이제부터는 얼마든지 공부할 수 있게 되어가고 있는 것이다.

앞서 이 단계를 준비단계라고 부른다. 그러면 이러한 일련의 준비단계 후에 오는 것은 무엇인가. 그것은 발전용 원자로 건설의 도입이다. 단언한 바와 같은 동위원소 이용 운운은 국제적으로 어떠한 이유로서 넓게 선전되고 있으니 사실 적어도 현재에 있어서 크게 인류에 기여될 수 있는 것은 아니다.

원자력 분야의 주 목표는 어디까지나 거기서 추출할 수 있는 원자력에 있는 것이다. 석유가 없고, 양질의 석탄이 없는 한국뿐만 아니라 이 같은 자원이 풍부하다는 외국에서도 벌써 지하자원이 급속도로 고갈되어가고 있으며, 한편 신규 수력발전소 건설비용은 너무 높아 현재로선 각국 모두 새 수력발전소 건설을 극히 기피하고 있는 형편이다.

한국의 이익은 반드시 필요한 풍부한 우라늄과 토륨의 보유국이라는 데에 있다. 황해도, 평안북도의 우라늄 광은 이미 일제말기에 비밀리에 확인된 바 있으며, 당시 필자가 일본인 교수를 통하여 알아낸 바도 있으니 아마도 지금쯤은 채광되어 러시아 시베리아쯤으로 매일같이 수송되고 있을 것이다. 현재 남한에서도 강원도, 경상남북도를 통하여 그 매장이 확실시되며 탐광법도 가능하나 다만 중저가의 기계를 사용하여도 확인할 수 있으며 새로운 세계로의 희망 가능성은 더욱 높아질 것이다.

수백 불 정도로 양호한 성능의 '섬광 카운타' 혹은 '가이가 카운터'를 얼마든지 수입할 수 있다는 것을 한국의 꿈 많은 탐광자들에게 말해 둔다. 우라늄 제련 및 정련 기술은 이미 많이 알려져 있으며 이번 제네바 회의에서 각국 방식이 공표된 바도 있는데 벨기에서 실시하고 있는 방법들은 한국에 특히 좋은 예가 될 수 있다.

우리가 천연 우라늄^{비농축금속 우라늄}을 그대로 연료로 쓰는 형식의 원자로를 채택하게 되면 애로사항의 하나인 우라늄 농축 문제에서 제외될 수 있고 문제는 더 쉽게 된다. 결코 대규모 공장이 필요한 것이 아니다.
다만 금속 우라늄, 크래드^{clad}의 제조기술은 좀 떨어지고 미·소 모두 이번 제네바에서도 이를 공표하지 않고 있어 노력이 필요하나 국내의 유능한 야금기술자의 손으로 능히 해결될 수 있다.

현재 각국에서 건설 중인 발전용 원자로 출력은 50~100MWe$^{5만\sim10만KW}$
인즉 같은 노형의 한 기를 건설함으로써 한국의 전력은 훨씬 좋아질수
있어서 전력이 없어 공장이 움직이지 못하는 국가 비극은 능히 막을 수
있다.

마지막으로 최근 뉴스로서 인국 왜국隣國 倭國들은 1~2년 내로 두 기의
원자로를 가지려고 백방 노력하고 있고 중국 또한 러시아로부터 출력 2
만KW의 중수감속형 원자로를 받게 되리라는 소식을 전하고있어 국내
각 인사의 이 방면에 대한 재인식과 굳센 분발을 바라마지 않는 바이다.

한국 최초의 연구용 원자로 구매를 위하여
-평화를 위한 원자력

58년의 일이었다. 어느 날 한국의 문교부에서 전보가 왔다. 문교부의 박철재 과학교육국장으로부터 온 것이었다. 박사학위Ph.D. 예비시험을 무사히 끝내고 좀 쉴까 하던 참이었다.

전보 내용에 의하면, 한국 정부는 최초의 연구용 원자로原子爐를 구매하기 위하여 여러 명의 구매위원을 미국에 보내는데 그 위원의 구성멤버로서 샌프란시스코의 한 호텔에서 그들을 만나달라는 내용이었다.

1958년 아이젠하워 대통령이 시작한 평화를 위한 원자력 사업은 미국 정부에서 40여만 달러의 돈을 내고, 관심이 있는 정부가 같은 금액을 출자하면 미국에서 원자력 연구로를 살 수 있다는 것이었다. 한국 정부는 그것에 동의하고 총액 약 1백만 불에 가까운 비용으로 연구용 원자로를 사게 된 것이다.

맥전은 위원직을 승낙한다고 답변을 보낸 뒤 샌프란시스코의 호텔로 달려가 나머지 구매위원을 만났다. 박철재 국장, 윤세원 과학교육부 과장, 김휘규 교수 그리고 이진택 씨를 만났다. 그들 가운데 원자력 기술에 대한 경험이 있는 사람은 윤 과장뿐이었다. 그는 수 년 전에 노스캐롤라이나 주립대학에서 5개월, 아르곤국립연구소에서 5개월, 합해서 10개월 동안 교육을 받은 일이 있으며, 그 당시 맥전과 만난 적이 있었다.

일행은 산호세에 있는 GE를 방문했다. GE는 한국에서 온 구매자를 맞이할 준비가 돼 있지 않았다. 한국인 일행을 샌프란시스코의 음식점에서 접대한 GE의 기술자는 자기의 여자 친구를 데리고 와 구매협상보다는 여자 친구의 기분을 맞추느라고 쩔쩔 매던 모습이 지금도 기억에 생생하다.

그후 일행은 다음 행선지로 정해져 있는 로스엔젤레스에 있는 '국제원자력기구'를 방문했다.

그곳에서 안내해 준 원자로를 세심하게 조사한 후 마지막으로 샌디에이고의 제너럴 다이나믹스사의 계열사인 제너럴 아톰믹스사의 관계자를 만나 자세한 설명을 듣고 그들이 생산하고 있는 원자로인 '트리가 마크Ⅱ'가 한국 정부에 가장 적합한 원자로라고 판단되어 '트리가 마크Ⅱ'로 선정했다.

'트리가 마크Ⅱ'로 선정됨과 동시에 한국 정부에서는 원자력연구소를 설립하고 맥전의 귀국을 기다리고 있었는데, 맥전은 거기에 응하지 않고 미국에 남아 후진양성을 하기로 결정했다. 왜냐하면 연구로라면 과거에 두 종류를 모두 취급해 보았기 때문에 굳이 연구소로 돌아가고 싶지 않았다.

궁극적으로 발전용 원자로를 연구하여 한국의 전력공급을 대폭적으로 증가시키고 한국산업의 원동력으로 크게 공헌하는 것만이 맥전의 바람이었다. 원자력 전력 기술의 기초가 되는 열수력학이 앞으로 맥전의 전공분야가 될 것이다.

시스템 80⁺한국표준형 원자로
-OPR 1000의 비상노심냉각장치

한국표준형원자로^시스템 80⁺는 출력제어장치^Control rod와 노심연료배분^composition에는 특징이 있다. 거기에다 개량된 비상노심냉각계통을 더하면 안전성이 훨씬 더 개량될 것이다.

한국의 원전11·12호기 비상노심냉각장치^ECCS는 종래의 하부주입식 ^lower plenum 이다. 그러나 더 융통성이 있고, 상호 보조적인 배합을 쓰면 이 융통성을 얻을 수 있다.

이 배합식 투입^Combined Injection 하부와 상부 플래넘^plenum에 냉각수를 동시 투입함은 미전력연구소^EPRI 지원 아래 약 5년간 뉴욕 주립대학교 ^SUNY에서 그 확인실험이 실시됐다. 그 보고서들은 미전력연구소에 있고, 필자도 갖고 있다(본책 말미의 문헌표 참조).

원자력의 행렬Matrix 3×3의 실험assembly 내의 확인 결과, 정량적이고 이것을 큰 시스템 80+에 적용할 때 그 결과는 정성적定性的으로 맞다.

한국에 이번 수주의 특권을 준 UAE에 가장 안전한 시스템을 주자. 냉각재 1차 계통의 어느 부분냉각수 펌프를 포함하여이 손상되어도 즉시 대응할 수 있는 ECCS를 그들에게 공급함으로써 TMI스리마일 섬와 같은 사고를 방지해야 한다.

맥전이 한국전력에서 12년 근무하는 동안 참여했던 대외활동은 적절했다고 본다. 우리는 아직도 전진하는 나라인 만큼 자기능력을 과신해서 너무 홍보가 지나쳐서는 안 될 것이다. 중용지덕이 모토가 되어야겠다. 12년 중 7년 동안 한국의 한전에서 재직하면서 맥전이 참석했던 행사를 간추리면 다음과 같다.

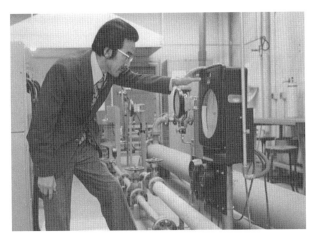

전완영 박사가 원전비상노심냉각계통의 실험단계 원형을 바라보고 있다. 오늘날 이 비상노심냉각장치는 한국의 신형 원자로의 표준 사양으로 진전됐다.

ⓐ국제원자력기구[IAEA] 3회(마지막 회의는 PRA 분과의장으로 참석)
ⓑ태평양연안국 원자력회의[PBNC] 3회(매회 강연과 사회 진행)
ⓒ한일원자력회의 4회(이것은 가장 조심해서 준비해야 될 회의)
ⓓ거기에 아시아원자력회의가 아마도 새로 열리게 될 것이다.

새로 생긴 책임은 무겁다. 조심하게 준비하고 다시금 중용지덕이라 하겠다. 미지의 미국을 향하여 한국을 떠난 것이 1954년 6월 초였다. 그때 나이 30세. 패스포트는 미국 것이었고, 한때는 캐나다 것이었지만 마음은 언제나 조국 대한민국에 있었다. 그래서 한국원자력계의 가장 중요한 시기에 한국으로 돌아와 일할 수 있었던 것을 무한히 영광스럽고 행복하게 생각하며 만족스럽게 여긴다. 내가 그렇게도 사랑하는 한국원자력계의 계속적인 성공을 간절히 바라면서 이 책을 끝내고자 한다.

Nuclear Research Publications by Wan Y. Chon
(Research in Canada not included)

Present status of ECC combined injection: a literature survev. Topical report.
(PWR) Chon. W, Y PB-252751; EPRI-NP-114 1976 Feb 01

Recent
advances in alternate ECCS studies for pressurized-water reactors Chon, W.Y.
6760902 1978 Jan 01

Effect of thermal radiation on rewetting during ECC top spraving Karayampudi, R.S.,
Chon, W.Y 4069465 1975 Now 01

Bi-coolant flat plate solar collector Chon, W.Y., Green. L.L Conf-791204-1981 Jan 01

부록

"두 개의 가능한 결과만이 있을 뿐이다. 만약 결과가 가설이 맞다는 것을 확인했다면 새로운 발견을 한 것이다. 또 결과가 가설과 반대로 나타났다면 그것 또한 새로운 발견에 성공한 것이다."

−엔리코 페르미

원전 11 · 12호기 기술전수와 도약

최세희 / 전 한국전력공사 홍보실 부처장 · 전력사 편찬위원

1971년 3월 9일 고리 1호기가 기공식을 올린 후 16년 만인 1987년은 원자력 건설 및 운영 기술자립의 첫발을 내디딘 역사적 기점을 마련한 해로 기억된다.

물론 그동안 우리는 계약방식, 설계 및 기자재, 원자력연료 제조 등 각 분야에서 꾸준히 자립의 기반을 닦아왔다. 그러나 핵심기술 부문에서는 노하우를 틀어쥔 선진국이 내놓으려 하지 않는 것이 상례였고, 특히 원자로계통 기술부문은 접근할 수 없는 철옹성이었다. 그동안 미국의 웨스팅하우스나 프랑스의 프라마톰 같은 선진기업이 장기간 우리에게 기자재를 공급해왔지만 처음에는 사탕발림하다가도 기술전수 요구는 끝내 외면해왔다.

더 미룰 수 없는 우리나라는 원전 11 ·12호기^{한빛원전 3 · 4호기} 건설부터

는 기술 전수를 가장 중요한 계약조건으로 내걸고 이 요구를 충족해주는 업체와만 제휴해 원자력사업을 추진한다는 선언을 내놓았다. 그래서 세계적인 유수 기업체들에게 입찰을 종용했고, CE를 비롯해 WH 등 세계 굴지의 회사들이 입찰에 참여했다. 밤을 낮 삼은 평가작업 결과 1986년 9월 낙찰결과가 발표됐다. CE가 우리의 요구조건을 가장 충실히 따르는 것으로 평가되어 낙찰자로 결정되었고, 1987년 4월 계약을 맺었다. 한국의 원자력건설 기류가 확 바뀌고 획기적 업그레이드를 이루는 순간이었다.

한국의 원자력 발전 기술 향상에는 전력계의 원자력 기술자들, 원자력분야 연구자들의 꾸준한 노력이 큰 몫을 했지만 그 가운데 기술체제를 구축하는데 크게 기여한 사람으로 당시 한전 사장 고문직에 있던 전완영 박사를 눈여겨보지 않을 수 없다. 그는 한국인 최초의 원자력공학 박사로서 뉴욕 주립대 교수 등 미국의 좋은 주변환경과 조건들을 접고 고국의 원자력발전을 위해 1983년 초 귀국, 한국전력공사 원자력기술 사장 특별 고문직을 맡았다. 원전기술전수 추진을 자문했고 원전 11·12호기 발주 시에 유수 기술업체들의 입찰을 권고하여 마침내 기술전수량 평가 2050 항목을 제시한^{닷位} 경쟁사 500 CE의 참여를 이끌어내는 데 기여했다.

물꼬가 바뀌는 일대 변혁이 초래되는 가운데 정치권과 언론 등의 맹렬한 질타를 받았지만 그 진위여부는 앞으로 밝힐 일이고, 이 역사적인 새로운 기류와 체제의 출현으로 한국의 원자력기술은 세계적 수준에 도달했으며, 한반도에너지개발기구^{KEDO}가 북한의 금호원자력건설에 주저 없이 '한국표준형 원전'을 채택할 수 있는 발판이 되었다.

세계 원자력계 후학을 길러 낸 뉴욕 주립대 중진교수

전문헌 / 전 KAIST 원자력공학과 교수

전완영 선생님을 처음 뵙게 된 것은 1971년이었습니다. 당시 선생님께서는 뉴욕 주립대학교 원자력공학 프로그램의 책임교수로 계시면서 동시에 기계공학과의 겸임교수로 재직하고 계셨습니다. 또 한편 이 시기에 선생님께서는 버팔로에 있는 코넬 항공연구소의 컨설턴트로서 B-1 폭격기의 항공냉각시스템Avionic Cooling System초기 개발에 참여하고 계셨습니다.

그때 저는 캐나다 토론토 대학교의 기계공학과에서 석사학위열전달 전공를 마치고 학교에서 연구원으로 근무하는 한편 박사학위 과정은 미국으로 건너가고 싶었으나 우선 토론토에서 가장 가까운 거리에 있는 버팔로 소재 뉴욕 주립대학교 기계공학과 박사과정의 입학허가서를 받았습니다.

마침 서울공대 후배이자 산업은행 입사 동기인 황진주 씨가 버팔로 소재 뉴욕주립대학교 기계공학과에서 석사과정을 마친 후 계속 공부하고 있었으므로 황진주 씨로부터 전완영 선생님에 대한 얘기를 전해 듣고서 직접 찾아뵙고 인사를 드리기 위해 학교로 찾아갔습니다. 그러나 그날 선생님께서는 코넬 항공연구소에 계시다고 하여 그곳으로 다시 찾아가 면회신청을 해놓고 기다리고 있었습니다.

잠시 후 전완영 선생님은 가슴에 연구소 신분증을 다신 채로 나오셨습니다. 저에게는 바로 그 순간이 전완영 선생님의 제자로 저의 생명이 다하는 날까지 끊을 수 없는 인연을 맺게 된 영광의 순간이었습니다. 저는 선생님의 얼굴을 처음 뵙는 순간 마음속으로 크게 놀랐습니다.

첫 번째로는 선생님의 콧수염이 저의 토론토 대학교 기계공학과 석사과정 지도교수이신 후퍼Professor F. C. Hooper 교수님의 콧수염과 신통하게도 똑같았습니다. 아마도 처음에는 두 분 모두 콧수염 때문에 더욱 더 카리스마 있고 엄격한 교수님처럼 보였던 것 같습니다.

두 번째로는 선생님께서 손을 내밀며 반갑게 대해 주셨고, 또 즉석에서 저의 지도교수가 되어 주시겠다고 허락하셨는데 그 음성은 성악가바리톤보다 더 부드럽고 깊은 음색을 느낄 수 있었습니다. 이 점도 후퍼 교수님과 너무도 닮았습니다.

세 번째로는 선생님을 처음 뵙는 순간 제가 아주 어렸을 때초등학교 2학년 때까지 평안북도 선천읍에서 함께 살던 저를 진심으로 사랑해 주시던 외사촌 형님을 다시 이국 땅 미국에서 만난 듯한 착각을 했습니다. 다시 말씀드리면 이때부터 일반 과학자들에게는 찾아보기 어려운 선생님만의 고귀하면서도 다정다감하시고 또 사랑이 넘쳐흐르는 듯한 낭만적이고 인간적인 모습을 뵙게 되었습니다.

뉴욕 주립대학교에 계실 때 선생님만의 연구실에는 한국 유학생들과 한국에서 오신 방문 연구교수들의 발걸음이 끊이지 않았습니다. 선생님 방에서 자주 뵙던 분들이 지금은 거의 모두 귀국하여 교수 또는 연구원으로 일하고 있는데, 그 중에서 제가 지금도 자주 만나는 분은 KIST 화학공학과 임선기 교수와 KIST 원장을 역임하신 박원훈 박사입니다.

특히 전완영 선생님께서 자주 이름을 말씀하시던 분들 중에는 1953년부터 다음해 6월 미국 MIT 하기 특별강좌에 참석하기 위해 도미하실 때까지 서울공대 강사로서 직접 가르치셨던 고려대 교수와 에너지연구소 소장을 역임하신 강웅기 박사[작고] 그리고 KIST 원장을 역임하신 박원희 박사 등이 있습니다.

또한 선생님과 특별히 교분이 두터우신 분들 가운데에는 우리나라의 원로 과학자들이 많습니다. KIST 원장을 역임하신 조순탁 박사님[작고], 서울공대 김효경 박사님, 미국에 계시는 김정훈 교수님 그리고 과학기술처 장관으로서 우리나라 과학기술계를 이끌어 오신 원로 과학자 최형섭 박사님 등은 선생님과 각별히 가깝게 지내신 분들이기에 저도 전완영 선생님 때문에 직접 뵙고 인사드릴 수 있었던 분들이기도 합니다.

특히 조순탁 박사님과는 교동국민학교 3학년 때부터 한 반에서 전완영 선생님은 반장을, 조순탁 박사님은 부반장을 했었다는 말씀을 들은 적이 있습니다.

전완영 선생님께서는 2남2녀를 두셨는데 그 중에서 장녀 '페기' Professor Margaret Chon만이 변호사이자 현재 시애틀대학 법과대학 교수로서 선생님의 대를 잇고 있고, 장남 '리키' Richard Chon는 대학졸업 후 저널리스트이자 바이올린 연주가로 1인 2역을 하고 있는데, 선생님의 독보적인 두 가지 재능을 모두 이어받아 활용하고 있는 셈입니다.

차남 '봅' Robert Chon은 선생님께서 교수로 계시던 버팔로 지역을 떠나지 않고 홀로 직장생활을 하면서 다른 형제들과는 달리 초현실주의적 생활을 즐기고 있기 때문에 전완영 선생님은 '봅' Bob, 차남의 애칭을 가리켜 '젊은 노자'라고 놀리십니다. 막내인 차녀 '미셸린' Michelene Chon은 컴퓨터를 전공하여 현재 'Senior Software Engineer'로 일하는데 자녀들 중 제일 부자라고 알려지고 있습니다.

선생님께서는 자녀들이 모두 성장하여 독립할 수 있게 되자 곧 모국의 원자력계 발전을 위해 나머지 정력을 쏟고자 1983년 초 귀국하시어 한국전력공사 사장 특별고문으로 취임하셨습니다. 귀국 후부터 어떤 면에서는 선생님의 자녀들보다 후학들에게 더 많은 관심과 사랑을 베푸셨고, 또 한국 과학기술계를 위해 남모르게 뒤에서 물심양면으로 애쓰시는 것을 늘 보아왔습니다.

지난 반세기 동안 선생님께서 걸어오신 발자취는 경력을 통해서 볼 수 있듯이 한국인 최초로 원자력 분야에서 박사학위를 취득하셨을 뿐만 아니라 한국 원자력분야의 선구자이십니다. 특히 선생님께서 미국 대학에서 가르치신 과목은 주로 '원자로 공학'을 비롯한 '원자로 열전도유체' 분야입니다. 지금까지 한국과학기술원 원자력공학과에서 제가 20년 동안 강의해오고 있는 과목들이 바로 전완영 선생님께서 강의하시던 과목과 같으며, 모든 점에서 너무도 부족한 제가 외람되게 선생님의 대를 이어오고 있는 셈이어서 선생님께 누가 되지 않도록 한 순간 한 순간 성의를 다하여 오늘도 저 스스로를 채찍질 하고 있습니다.

선생님께서 주신 가르침은 앞으로도 저희들 모두가 보다 더 나은 세상을 살 수 있도록 지도해 주셨다는 점 결코 잊지 않겠습니다.

감사합니다. 스승님!

사진첩

전완영의
발자취

全完永氏美國서
工學博士學位獲得

서울大學校工科大學講師로 있다가 渡美한 全完永氏가 지난 六月十一日 미시칸州立大學에서 우리나라 最初로 原子核工學分野에 있어서의 工學博士學位를 獲得하였는데 論文題目은 「可動燃料型速中性子原子爐應用을 爲한 固粒子流體二相流動에 關한 研究」이다.

六年인 同氏는 黃海道胎生으로 當年三十... 氏는 北카로라이나州立大學에서 工學碩士學位를 받은후 미시칸州立大學原子核工學科에서 博士課程을 履修하였다.

同氏는 서울大學校工科大學化學工學科를 卒業、同大學院에서 碩士를 받은후 美國에서 열린 MIT夏期特別講座에 參加한후 美國務省의 特別周旋에서 原子核工學課目을 담

현제 메트로이트市의 原子力開發團에서 일하고있고 同氏는 오는九月부터 「로데·아이런」州立大學에서 原子核工學課目을 當하리라한다. 그곳에 머무르 後 계속 그곳에 머무르...

최초 핵공학 박사 기사(동아일보, 1960. 6. 29)

Business This Week

UB Atom Expert to Return To South Korea to Lecture

By WILLIAM F. CALLAHAN
Courier-Express Financial Editor

A UNIVERSITY of Buffalo professor who is one of the nation's leading educators and scientists in the nuclear field is headed back to his native Korea shortly for a two-week lecture and consultant visit after a 20-year absence.

He is Dr. Wan Yong Chon, a professor of nuclear engineering at the university. He is going back to the Republic of Korea on March 13 as the guest of Ministry of Science and Technology.

Dr. Chon, who earned his bachelor's and master's degrees in chemical engineering at Seoul National University, came to the United States in 1954 at the invitation of the U.S. to participate in a foreign students summer project at Massachusetts Institute of Technology.

IT WAS WHILE there that he decided to remain here and neering. Thus he became one of the first students to study nuclear engineering at North Carolina State University which was the first university in the nation to initiate such a program.

He later went on to the University of Michigan where he received his doctorate. At this point he joined Atomic Power Development Associates Inc. in Detroit and assisted in the design of the world's first fast breeder power reactor in Monroe, Mich., known as the Enrico Fermi Fast Breeder Reactor. Dr. Chon now terms the Enrico Fermi Reactor as being 20 years ahead of its time.

DR. CHON WAS instrumental in helping the South Korean

Dr. Wan Y. Chon
..., to visit Korea

teach. He comes from a family of teachers. His father was a professor of English literature in Korea and h's mother was associated with the school board in Seoul.

His first teaching assignment in this country was at the University of Rhode Island. He was successful while there from 1960 to 1962 in receiving a $36,000 grant from the Atomic Energy Commission to set up a radiation laboratory. This was the largest award received by competing universities at that time.

Dr. Chon moved on to McGill University in Montreal in 1962 as an associate professor. He said he tried to set up a nuclear engineering program there but it was clearly ahead of its time in Canada, although such programs recently have started up in Canadian universities.

IN 1967, he was invited to join the University of Buffalo faculty as a full professor and is

BREEDER reactors in essence can produce more plutonium-239 than they consume, thus more fuel becomes available for conventional nuclear reactors used to produce energy.

In describing the energy situation in South Korea, Dr. Chon stated that when he left in 1954 South Korean electrical power output was only 250 megawatts. This was because, prior to the Korean War, South Korea received most of its power from the more industrialized North Korea.

"Nuclear power, even at that time, appeared to be the only solution to the much populated South Korea which contains two-thirds of the entire Korean population," Dr. Chon said.

CURRENTLY, he added, South Korea produces 2,500 megawatts of electricity and has under construction its first nuclear power plant which will produce 600 megawatts of power.

Dr. Chon during his stay in Korea will inspect this project and act as a consultant. In addition, he will also serve as a consultant on a new reactor Korea just purchased from Canada.

He will conduct five seminars and lectures on nuclear energy at Korean universities and begin negotiations for establishing cooperation between the Korean Nuclear Society and the American Nuclear Society.

Dr. Chon, who resides in Williamsville with his wife and four children, said there are approximately 500 Koreans now living in the greater Buffalo area.

HE SAID HE finds Buffalo "one of the most exciting cities

버팔로 신문 기고문(1974. 3)

Massachusetts Institute of Technology
FOREIGN STUDENT SUMMER PROJECT
1954

1954년 미MIT FSSP 앨범표지.
이때 만손 베네딕트 교수를 만났다.

1954년 MIT여름특별강좌 (FSSP)에 참석한 전완영 박사. 당시 서울공대 강사로 재직하다 유학길에 올라 북미에서 원자력학자로 일하던 중 우리나라 최초 원자로 도입과 원전기술자립 분야에서 막후 실력을 발휘했다.

1954년 MIT 여름특별강좌 (FSSP)에 참석한 김종주 씨. 서울공대 교수직을 버리고 조선전업에 입사. 한전 부사장까지 역임하는 동안 원자력발전소 입지(현 고리)와 가압경수로형을 선택하는데 큰 기여를 했다.

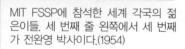

MIT FSSP에 참석한 세계 각국의 젊은이들. 세 번째 줄 왼쪽에서 세 번째가 전완영 박사이다.(1954)

본문 210~216쪽 해설 참조

한국에 원자로 도입을 적극 피력한 전완영 박사의 기고문
(서울신문 1955. 12)

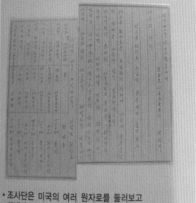

• 조사단은 미국의 여러 원자로를 둘러보고
제네바 전시에서 성능을 인정받은
TRIGA Mark-Ⅱ를 선정하였다.

이승만 대통령에게 보고한 최초의 연구용 원자로(트리가 마크Ⅱ) 구매 활약 보고서 (1958)

왼쪽 사진(오른쪽 사진 확대함)에 미시간대 연구원 전완영이라는 글씨가 선명하게 보인다.
조사단은 미국의 여러 원자로를 둘러보고 제네바 전시에서 성능을 인정받은 트리가 마크Ⅱ를 선정하였다.

트리가마크Ⅱ 기공식 시삽을 하고 있는 이승만 대통령(1959)

이승만 대통령이 손원일(초대 해군 참모총장) 제독과 함께 해군
사관학교 생도들의 사열을 받고 있다. 전완영 박사는 이때 해군
기술연구소 창립 장교로서 연구요원 확보와 핵공학 이론연구를
수행하였다. ⓒ 국가기록원

안병화 한전사장과 함께 캐나다원자력공사(AECL) 방문(1989)

트리가 마크II 연구용 원자로 준공식

트리가 마크II 가동 기념우표(1962)

전완영 박사가 구매위원으로 참여했던 트리가 마크II 전경(홍릉).

국내 최초의 연구용 원자로인 트리가 마크Ⅱ 내부를 시찰하고
있는 박정희 대통령

한전 원자력담당 특별고문(1987)

원자력 관계자들이 한전 수안보 연수원에 모여 원자력 기술자
립 토론회를 마치고, 앞줄 중앙이 전완영 박사, 강창순 서울대
핵공학과 교수이며 초대 원자력위원장을 역임한 강창순 박사
(뒷줄 오른쪽 세 번째)를 비롯 핵융합연구센터 소장을 역임한
신재인 박사(앞줄 왼쪽 세 번째)(1987)

박정기 사장과 유럽 출장 중 비행기 안에서

원전기술 자립 의지를 다졌던 원자력계 회의를 마치고(1985)

원전 11·12호기 주기기 계약에 이어 하도급 계약 서명식. 원자
로 설비와 핵연료 제작 공급은 한국에너지연구소(현 원자력 연
구원)와 CE가 하도급 계약에 서명하고 있다(가운데) 원전기술
자립의 전기를 마련했던 원전 11·12호기(현 한빛 3·4호기)
주기 공급 및 종합설계 계약체결 서명식(아래)

MIT대학교 만손 베네딕트 교수의 제자들인 전완영 박사와 셀비 브로어.미국 에너지성(DOE) 차관보 시절 한국을 방문했을 때(1984)

1987년 한국전기 100주년 기념식 만찬회에서 워키 리 시슬러 씨를 당시 한봉수 한전 사장에게 소개하는 전완영 박사. 시슬러 박사는 이승만 대통령에게 원자력을 강력하게 추천했다.

원전 핵심기술 이전을 통해 한국 원전 기술자립의 발판을 제공한 CE의 셀비 브로어 사장과 반갑게 악수를 나누는 전완영 박사(1987)

베이징 PBNC에 참석한 한국 원자력계의 주요 인물들(왼쪽 두
번째부터 임용규, 정근모, 이병휘, 김종주, 한필순, 이상훈, 전완
영) (위) / 좌장으로 참석한 전완영 박사가 베이징 PBNC에서
한국의 원자력에 대해서 강연하고 있다(아래)(1987)

베이징 PBNC 참석을 위해 출국대기 중. 왼쪽부터 김종주, 이병휘, 김선창, 한필순, 전완영 박사(1987)

베이징 PBNC 참석 후 서안 방문. 왼쪽부터 전완영 박사, 박정기 한전사장, 임용규 원자력안전기술원장(1987) ⓒ 임용규

원자력연구원(KAERI)을 방문, 시설을 둘러보고 있는 전완영 박
사(위 / 아래) ⓒ 노윤래

원자력연구원(KAERI) 방문, 장인순 박사의 설명을 듣는 전완영
박사(1989년 위 / 아래) ⓒ 노윤래

서울공대 화공과 후배이자 제자인 이휘소 박사. 세계적인 입자 물리학자인 이휘소 박사는 자신에게 물리학을 가르친 전완영 박사를 잊지 못할 서울공대 스승이라며 그의 평전에서 소개하고 있다.

서울공대 화공과 제자들, 전 박사가 서울공대 강사 시절 화공과 학생들에게 물리화학을 가르쳤다. 앞줄 왼쪽이 이휘소 박사, 뒷줄 맨 우측이 이훈택 박사). 1955. 1. 22 ⓒ 이훈택

전완영 박사는 KIST / KAIST 총장을 역임한 친구 조순탁 박사의 초대를 받고 KIST 교환교수로 방한했으며, 뉴욕 주립대로 돌아가지 않고 조국의 원자력계를 위해 헌신했다.

1958년 10월 미시간대 시절. 뒷줄 중앙이 당시 유학생 회장이
었던 전완영 박사 ⓒ 임용규

1958년 미시간 앤 아버 시절, 유학생들과 가족 ⓒ 임용규

MIT대학교 만손 베네딕트 교수의 집 거실에 걸려있는 자랑스런 제자들 사진. 동그라미 안에 있는 제자가 전완영 박사. CE 회장인 셀비 브로어는 항상 이 사진을 봤었기 때문에 전 박사에 대해 친근함을 느꼈다고 소회했다.

캐나다 맥길대 부교수 시절 졸업생 앨범사진(1965) / 위
전완영 박사는 동양인으로 유일하게 학생들로부터 존경 받는 최고의 교수상 컵을 받았다.(왼쪽 / 아래)

세계 유일의 상업용 고속증식로 엔리코 페르미. 이 사진은 디
트로이트 홍보관 판넬사진이다. 전완영 박사는 박사학위 취득
후 APDA 일원으로서 엔리코 페르미 원자로 설계에 참여했으
며, 이후 로드 아일랜드 주립대학에서 교직생활을 시작했다.

한빛원자력본부 전경
원전기술자립의 토대를 마련한 원전 11·12호기(현 한빛 3·4호기)의 준공 당시의 전경. 한국표준형 원전의 효시로서 점차 안전성을 확립해 한국형원전(APR1400)으로 성장했다.

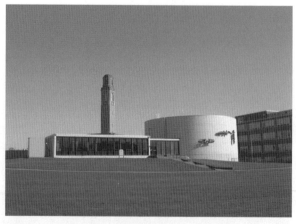

뉴욕주립대 원자력연구소 전경.
전완영 박사는 TMI 원전 사고 무렵(1979) 뉴욕 주립대 원자력공
학과 주임교수 겸 학내 원자력연구소 소장을 겸직하였다.

뉴욕주립대 핵공학과 주임교수겸 학내 핵연구소 소장을 겸직
할 당시 반핵 학생들과의 열띤 토론

전완영 박사의 저서들

미국 뉴욕 주립대 교수시
절 학내 원자력 연구소에
서 발행한 학회지

EPRI(미국전력연구소)의
지원금을 받아 원자로비상노심
냉각계통의 이론(시스템 80)을 정립한 보고
서.(SUNYAB 프로젝트 평가서)
이 보고서는 한국 표준형 원전(ECCS)의 기초를
제공하였다. 후에 CE의 시스템인 팔로버디
(1300MW) 원전에 적용되었다. 이는 우리나라
OPR-1000의 발판을 마련했다.

애국지사인 선친 전
창대 전 숭실대 교
수는 서대문형무소
에서 고문을 겪다
돌아가셨다.

어머니 오성옥 여사
는 우리나라 최초의
여성 장학사였다.

애국지사인 선친 공적서와 훈장증

경기고(38회) 재학 시절

공학도였지만 문학과 음악적 감수성
이 풍부해 저술활동과 함께 첼로 연
주를 즐겼다. ⓒ 김폴리나

Nuclear Research Publications by Wan Y. Chon
(Research in Canada not included)

Present status of ECCS combined injection: a literature survev. Topical report.
[PWR] Chon. W,Y PB-252751; EPRI-NP-114 1976 Feb 01

Recent advances in alternate ECCS studies for pressurized-water reactors Chon, W.Y.
6760902 1978 Jan 01

Effect of thermal radiation on rewetting during ECCS top spraving Karayampudi,
R.S., Chon, W.Y 4069465 1975 Now 01

Bi-coolant flat plate solar collector Chon, W.Y., Green. L.L Conf-791204-1981 Jan 01

PARTICLE-LIQUID COCURRENT DOWNWARD FLOW THROUGH A TUBE
WITH A RESTRICTING ORIFICE END FOR APPLICATION TO A MOBILE
FUEL NUCLEAR REACTOR SYSTEM Chon. W.Y., Kovacic, E.C., Hammitt, F.G.
4827315 1962 Jun 01

Study of uncovery transients in a 3×3 rod bundle. [BWR;PWR] Chon, W.Y.,
Addabbo, C., Bondre, J.R. CONF-800607 Jan 01

Effects of entrance conditions on countercurrent flooding limits in the restricting upper
tieplate region. [PWR;BWR] Addabbo, C., Chon, W.Y., Liao, N.S. CONF 79062-
(Summ.) 1979 Jun 01

Uncovery boiloff transients in a $3- \times 3$-rod bundle. Final report. [BWR;PWR] Chon,
W.Y., Bondre, J.F., Addabbo, C. EPRI-NP-2121 1981 Nov 01

Effects of bottom injection location on reflood characteristics Addabbo, C., Chon, W.Y., Liao, N.S. 6862775 1978 Jun 01

Effects of upper-plenum steam condensation phenomena on heat transfer ina rod bundle. [PWR] Chon, W.Y., Addabbo, C., Liao N.S. EPRI-NP-1332 1980 Feb 01

Combined bottom and top reflooding experimental plan, Final report. [PWR] Chon. W.Y.. Addabbo, C. , Liao, N.S. EPRI-NP-1331 1980 Feb 01
THE EFFECT OF ELECTROLYTIC GAS EVOLUTION ON HEAT TRANSFER Mixon, F.O.Jr. , Chon, W.Y. , Beatty, K.O. Jr. 4034583 1960 Jan 01
SUNYAB/EPRI Combined Injection ECC Program. Interim report Chon, W.Y. , Liao, N.s. , Addabbo, C. , et.al. EPRI-NP-757 1978 Apr 01

Analvses of precooling parameters for water reactor emergency core cooling Chun, M.H. , Chon, W.Y. 7351849 1976 JUN 01

Dvnamics of a rod bundle under forced oscillation fiow reflooding Addabbbo, C. , Bondre, J.R. , Chon, W.Y. , et.al. CONF-801107-1980 Jan 01

SUNYAB/EPRI Combined Injection ECCS Program. Facility description; kev phase report Chon, W.Y. , Liao, N.S. , Addabbo, C. , et al. EPRI-NP-446 1977 Jul 01

Initial results of SUNYAB/EPRI combined injection reflood studies.[PWR] Chon, W.Y. , Liao, N.S. , Addabbo, C. , et.al. 5354610 1977 Jan 01

Present status and prospects of nuclear power programme in Korea Chon, W.Y. , Lee, B.W. , Lee, C.K. , et.al. CONF-870905-1988 Jan 01

연보

1950   **Graduate**, Seoul National University, College of Engineering, Bachelor of Science

1951   **Founding Officer**, Republic of Korea Navy, Naval Research Laboratory, Chin Hae Naval Base

1953   Discharge from Republic of Korea Navy, Lieutenant Junior Grade

1953   **Instructor**, Seoul National University, College of Engineering

1954   **Visiting Scholar**, Massachusetts Institute of Technology (MIT), Foreign Student Summer Project (FSSP)

1954   **Graduate Student** in Nuclear Engineering, North Carolina State University, Raleigh, North Carolina, the world's first Nuclear Engineering Department

1955   **Author** of Seoul Shin-mun newspaper article entitled "Nuclear Reactor for this Country." This was Chon's first communication with Korea since leaving and also the first article on Nuclear Power in a Korean newspaper.

1955   **Host** of Seoul National University President Dr. Choi, Kyu-nam in Raleigh, North Carolina. Dr. Choi, a physicist, inspected the Raleigh Research Reactor as Chon's guest.

1957   Awarded Masters Degree in Nuclear Engineering, North Carolina State University

1957   **Doctoral Student** in Nuclear Engineering, The University of Michigan, Ann Arbor, Michigan

1958   **Host** of Dr. Choi, Jae-yoo, Minister of Education, Republic of Korea

1958   **Appointee**, Republic of Korea Research Reactor Procurement Committee which purchased Korea's first nuclear reactor, the Trigga Mark II, as part of President Eisenhower's "Atoms for Peace" initiative.

1958   **Member**, Atomic Power Development Associates (design group for Enrico Fermi Fast Breeder Reactor), Detroit, Michigan

1960   **Ph.D. in Nuclear Engineering**, The University of Michigan, First Asian to earn Ph.D. in Nuclear Engineering

1960   **Assistant Professor**, University of Rhode Island, Kingston, Rhode Island

1961   **Grantee**, United States Atomic Energy Commission Division of Education and Training, $35,000 Major Equipment Grant (the largest such grant of its kind in the United States at the time). This grant was used by the University of Rhode Island to equip a nuclear engineering laboratory centered around a sub critical-assembly.

1962   **Associate Professor**, McGill University, Montreal, Quebec, Canada

1964   **Host** of Dr. Choi, Hyung-sup, Minister of Science and Technology appointee, Republic of Korea

1967   **Associate Professor**, State University of New York at Buffalo (SUNYAB) and Chairman of the Nuclear Engineering Program

1969-76 **Consultant**, Cornell Aeronautical Laboratory (later Calspan) for the early stage design of the avionic cooling system of the B-1 bomber.

1970   **Full Professor**, State University of New York at Buffalo (SUNYAB)

1974   **Consulting Engineer**, Combustion Engineering (during sabbatical from SUNYAB)

1974   **Visiting guest** of Korea Advanced Energy Research Institue (KAERI) 20 years after leaving Korea.

1975   **Grant Applicant** to Electric Power Research Institute (EPRI) for the research project, "Combined Injection of Emergency Core Cooling Systems for Pressurized Water Reactors" to adapt matrix which would eventually be used in the CE System 80 and CE System 80+ (Korea Standard Nuclear Reactor).

1976   **Grantee**, "Combined Injection of Emergency Core Cooling Systems…" research project approved by EPRI. The nearly one million dollar grant is the largest long-term nuclear safety study by an American university up to this time.

1977 **Chairman**, Senior Technical Consulting Board to assist Argonne National Laboratory

1978 **Acting Director**, Western New York Nuclear Research Center (WNYNRC)

1979 **Director**, Western New York Nuclear Research Center (WNYNRC)

1980 "Combined Injection of Emergency Core Cooling Systems…" research project completed with the results directly applicable to the Korea Standard Nuclear Reactor.

1981 **Consultant to EPRI** (during second sabbatical leave from SUNYAB)

1981 **Director of Research and Development**, NuTech, San Jose, CA

1982 **Invited Professor**, Korea Advanced Institute of Science and Technology (KAIST)

1983 **Special Advisor to the President,** of Korea Electric Power Corporation (KEPCO). Advised the President on matters of nuclear power generation.

1983-90 **Session Chairperson, Speaker, Attendee**, International Atomic Energy Agency (IAEA) conferences.

1983-90 **General Meeting Chairperson,** Korea-Japan Nuclear Seminar and many other business seminars, conferences, symposiums, and meetings.

1983-90 **General Meeting Chairperson,** Pacific Basin Nuclear Conference

1983-87 Participated and guided KEPCO internal meetings advocating and emphasizing the need for technological independence and transfer.

1987 Guided the technological transfer aspects of Yong-guang 3 and Yong-guang 4 Nuclear Power Plants, coordinated correspondences with potential vendors and participated in the selection of the successful vendor, Combustion Engineering.

1990-95 **Special Advisor in USA** for KEPCO, coordinating the joint design process between CE and Korean nuclear personnel

1995-98 **Consultant,** Combustion Engineering

Dr. Chon has been engaged in writing since his retirement, having written four books (two in Korean, two in Japanese). One was cited as "recommended reading" by the Japanese Library Association in April of 2002. Dr. Chon continues to write and is currently working on two books, one of which is expected to be published in March of 2010.

더 좋은 세상을 위하여

지은이 | 저와역
만든이 | 하경숙
만든곳 | 글마당

(등록 제02-1-253호, 1995. 6. 23)

만든 날 | 2016년 10월 20일
펴낸 날 | 2016년 10월 25일 1쇄

주소 | 서울 송파구 송파대로 28길 32
전화 | (02) 451-1227
팩스 | (02) 6280-9003

홈페이지 | www.gulmadang.com / 글마당.com
페　북 | www.facebook/gulmadang
E-mail | 12him@naver.com

값 13,000원

ISBN 979-11-957312-5-1 (93550)